PENSER, VOIR ET AGIR SYSTÉMIQUE

Comprendre et apprivoiser la complexité
grâce au Penser Systémique.

par

Esther Jouhet-Bordoni

Copyright © 2019 Esther Jouhet-Bordoni
Tous droits réservés.
ISBN: 9798452483267

Penser, Voir et Agir Systémique

Avertissement

Comme le rappelait régulièrement Esther Jouhet-Bordoni, les concepts présentés dans ce livre sont des outils puissants au-delà de leur aspect simple et intuitif. Leur utilisation sans formation adéquate peut s'avérer contre-productive, voire provoquer de vives réactions émotionnelles qu'il faut pouvoir être en mesure de gérer.

Utilisés à mauvais escient, ils peuvent même se révéler dangereux. D'où l'importance de toujours les aborder avec un esprit de grande bienveillance.

Nous sommes amenés à distinguer trois paradigmes :

Le **premier paradigme**, qui correspond à l'approche de la science mécaniste empirico-analytique actuellement dominante, est basé sur le présupposé de la séparabilité sujet-objet, donc sur l'existence d'une réalité extérieure dont il est possible de faire une théorie. Son efficacité sera mesurée par sa capacité prédictive. Cette approche est adéquate dans les cas où l'on peut bien séparer les objets, par exemple, observateur et observé comme en mécanique classique.

Le **deuxième paradigme**, que l'on peut qualifier de cybernétique, reconnaît la prédominance de la relation, particulièrement de la relation circulaire. Il est indispensable dans l'étude des systèmes complexes, donc fortement interactifs comme, par exemple, les systèmes écologiques, économiques, sociaux, etc. La portée des modèles cybernétiques devrait être limitée à l'aide à la décision.

Un autre mode holistique, **troisième paradigme**, est nécessaire dans les cas de non-séparabilité manifeste où il est impossible de séparer sujet et objet. La mécanique quantique nous a habitués depuis une cinquantaine d'années à l'impossibilité en microphysique de séparer observateur et observé. Il est probable que les sciences humaines feront un saut qualitatif quand le couplage entre le modélisateur et le modélisé sera inclus dans le modèle...

Université de Neuchâtel, Centre Interfacultaire d'Etudes Systémiques (CIES) *La Société actuelle et le paradigme systémique 1994*

- Eric Schwarz

« Nous sommes persuadés que l'accès au mode holistique implique le remplacement de la modélisation par l'implication, la responsabilisation et l'extension du champ de conscience. »

Proceeding of the 4th International Symposium on Systems Research and Cybernetics, Baden Baden 1993 - ERIC SCHWARZ

Préface - Jan Jacob Stam

Par ce livre, Esther Jouhet-Bordoni nous offre une introduction en profondeur au Penser Systémique. Une introduction, de par sa clarté d'explication des principes de base du travail systémique. En profondeur, car l'essence du travail systémique y paraît dans toute sa splendeur et, pour le lecteur attentif, touche le cœur et l'âme.

Le Penser Systémique et les interventions systémiques ont, sans l'ombre d'un doute, un brillant avenir dans le monde des organisations et du développement entrepreneurial, notamment lors de processus de changement, de transition et de transformation. Le monde change rapidement et l'approche systémique se révèle être un outil précieux afin de comprendre le fonctionnement de la société et des organisations dans leur globalité. Elle permet d'identifier, d'une part, quels sont les modèles utiles ou contre-productifs et, d'autre part, les outils et les interventions permettant de créer un espace favorisant l'éclosion et le développement de nouveaux modèles.

C'est aussi un livre de bravoure. En effet, la pensée analytique et cybernétique étant si profondément enracinée dans le monde francophone, il faut beaucoup de courage pour proposer d'y ajouter une vue holistique et non linéaire grâce au Penser Systémique et à la perception sensible.

Enfin, c'est un livre de précision. Et d'un point de vue systémique, la précision c'est de l'amour.

Au-delà de la théorie et des cas d'études, dans ce livre vous rencontrerez également la personne d'Esther Jouhet-Bordoni : une femme au cœur grand ouvert et déterminée à la fois ; oeuvrant à mettre en présence des personnes de tous horizons afin de créer de magnifiques équipes; prête à être pionnière et à apporter le Penser Systémique au monde de l'entreprise ainsi qu'au monde académique.

Merci Esther !

Jan Jacob STAM
Bert Hellinger Institut, Hollande.

Préface - Karine Jouhet

Ce livre est l'œuvre d'une vie, celle d'Esther Jouhet-Bordoni. Une vie marquée par une curiosité intellectuelle insatiable et un amour infini pour l'être humain. Ces deux moteurs, entre autres, poussèrent Esther à s'intéresser à la systémique jusqu'à devenir une réelle passion ! Une passion qui se transforma très rapidement en métier, tout d'abord seule, puis entourée d'autres passionnés qu'elle contamina sur sa route par son enthousiasme débordant, et avec qui elle créa le Systemic Learning Institute (SLI-SA), qui continue encore aujourd'hui de transmettre sa méthode.

En effet, au-delà même des théories systémiques connues, Esther élabora une méthode nouvelle, une approche qu'elle continua de développer tout au long de sa vie et qu'elle prit soin d'exposer dans ce livre. Cet ouvrage est donc le fruit d'années de recherche et d'expérience, ayant pour but de rendre la systémique accessible à tous. Car tel était son objectif : communiquer des principes complexes de façon simple afin que tous puissent les utiliser et en bénéficier au quotidien.

Cet ouvrage est précieux à bien des niveaux : il permet d'apprivoiser le Penser Systémique et assimiler des outils pratiques et applicables rapidement, aussi bien sur le plan professionnel que personnel. En effet, cette méthode est une réelle philosophie de vie à travers laquelle transparaît un être lumineux qui nous lègue un héritage intellectuel inestimable.

Enfin, à toutes celles et ceux à qui son départ a laissé un grand vide, cet ouvrage nous permet de retrouver sa voix et son amour pour la vie au détour d'une tournure de phrase, ou encore d'expressions bien à elle.

Merci Maman.

- Table des matières -

Préface de Jan Jacob Stam.. 9
Préface de Karine Jouhet... 11

Avant-propos... 17
Une vie en Afrique.. 17
Une expérience professionnelle multiple et diversifiée................. 18
Une rencontre et un cheminement avec la systémique................. 19

PREMIÈRE PARTIE :
Sur le chemin du Penser Systémique.. 25

Chapitre I
Des mots pour le dire et le partager.. 27
1. Systémique ou systématique ?... 27
2. Complexité ou complication ?... 31
3. L'imprévisibilité au cœur de la complexité............................... 34
4. Le Sens : direction ou raison d'être ?... 36

Chapitre II
Penser analytique, Penser systémique: faut-il choisir ?.. 39
1. La pensée analytique, moteur des grandes avancées
scientifiques... 39
2. Le Penser Systémique, mode de penser de la complexité........ 42
3. Complémentarité entre Penser Analytique et Penser
Systémique... 45
    a) Le sens.. 47

b)	Le processus	47
c)	Les conséquences	47
d)	Les résultats	49
e)	Le focus	50

DEUXIÈME PARTIE :
Des outils pour appliquer / pratiquer le Penser Systémique 53

Chapitre III
Le processus du Penser Systémique 55
1. Penser Système 56
2. Penser Interaction 56
3. Penser Transversal 58
4. Penser Global 59
5. Penser Complexe 60
6. Penser Intuitif 61
7. Penser Innovant 62

Chapitre IV
Les grands principes 65
1. Le principe d'Unité 65
2. L'étoile du berger : le Sens 67
3. La dynamique non linéaire de l'interaction et de la complexité 70
4. La conscience du changement permanent et continu 72

CHAPITRE V
DIX CLÉS DE LECTURE SYSTÉMIQUE.. 75
1. Le regard créateur / La roue des regards.................................. 76
2. Le paradoxe du non être.. 79
    a) Le champ de la Frustration... 80
    b) Le champ des Possibles.. 81
    c) Le champ de la Reconnaissance... 82
3. Le triangle AOC... 85
    a) Le Sens.. 86
    b) L'Amour.. 86
    c) L'Ordre.. 86
    d) La Connaissance.. 86
4. Les 3 grandes dynamiques systémiques................................... 90
    a) L'appartenance au système... 91
    b) La place dans le système... 96
    c) L'équilibre entre le donner et le recevoir........................ 100
5. La boucle de l'Intention, du Sens et de l'Enjeu..................... 106
6. Les cinq postulats de la dynamique du changement........... 108
    a) Tout système a en lui ses limites...................................... 108
    b) Tout système contient en lui le système à venir........... 109
    c) Si un système se ferme, il meurt...................................... 110
    d) Le moment de turbulence.. 112
    e) La traversée grâce à l'évolution du sens......................... 113
7. Le processus du changement ou mouvement de vie........... 115
8. La spirale des interactions du pouvoir-construction et du pouvoir-domination.. 118
9. Retrouver l'équilibre avec les cinq caractéristiques des systèmes complexes.. 121

10. La Roue de la résolution... 122
11. Synthèse : L'Être systémique.. 126

Conclusion
Qu'apportent concrétement ce mode de Penser et ces clés de lecture ?.. 129
1. Sur le plan individuel qu'apporte à chacune et chacun le Penser Systémique ?.. 129
2. Comment entrer dans un mode de Penser Systémique ?........ 130
3. L'attitude systémique à adopter... 131
4. La méthode Penser, Voir et Agir Systémique© au service de l'entreprise... 131

Perspectives - Libérer l'intelligence au travail................ 133
Postface de SLI... 137

Annexes :
Témoignages.. 139
Bibliographie... 151
Table des représentations graphiques................................... 155

- Avant-propos -

Ce livre et cette méthode, le Penser, Voir et Agir Systémique©, sont le résultat d'un coup de foudre avec la systémique et d'une conviction profonde : c'est le mode de penser d'aujourd'hui !

La systémique – que j'ai découverte il y a plus de 15 ans - est devenue dans ma vie une vraie passion avec un besoin fondamental de sensibiliser tout un chacun, voire de transmettre ce qui m'apparaît être le mode de penser à adopter en complément à notre mode de penser traditionnel, analytique. Celui qui nous permet de mieux comprendre et de vivre la complexité actuelle, de décrypter ce qui se passe autour de nous, à travers nous, en nous et d'avoir ainsi le comportement adéquat.

C'est la raison pour laquelle je n'ai eu de cesse de chercher comment traduire cette approche de la manière la plus simple et la plus concrète possible afin qu'elle puisse se transformer en un penser praticable par tous influençant, par voie de conséquence, un mode d'agir. Avec un regard en arrière, la question que je me pose est : quel est le chemin qui m'a permis de me sentir tellement à l'aise avec ce mode de penser au point de créer et de développer ces outils ?

Une vie en Afrique

L'une des caractéristiques de la pensée systémique est qu'elle est une pensée holistique, globale, qui prend en compte l'entièreté d'un système. Elle est ainsi proche de la pensée orientale, en particulier extrême-orientale et africaine.

Le fait d'être née au Maroc et d'avoir passé ensuite plus de 20 ans en Afrique occidentale a certainement été l'un des déclencheurs de ce sentiment de familiarité avec ce mode de penser.

Une expérience professionnelle multiple et diversifiée

J'ai commencé ma vie professionnelle en tant que chargée du cours « Communication et enquêtes de base » au Studio École de la Radio-Télévision Ivoirienne à Abidjan (Côte d'Ivoire). Ce cours servait de base aux différents exercices pratiques que devaient effectuer les étudiants journalistes, cameramen, preneurs de son et réalisateurs.

J'ai ensuite eu le privilège de devenir Conseiller Technique chargée de l'information de la femme auprès du Ministre de la Condition Féminine de Côte d'Ivoire à Abidjan. Une expérience particulièrement enrichissante qui m'a permis de rencontrer et de communiquer avec de nombreuses ivoiriennes.

De retour en Suisse, j'ai dans un premier temps été Chargée de l'information tiers monde chez Nestlé à Vevey (Suisse), mais très vite les médias sont revenus dans mon parcours professionnel. C'est ainsi que je suis devenue Responsable de la formation à la Radio Télévision Suisse Romande à Genève (Suisse), puis au bout de quelques années, Directrice des programmes d'Espace 2, radio culturelle de la Radio Suisse Romande, et enfin Secrétaire générale de la Radio Télévision Suisse Romande. C'est à ce moment-là que la systémique a croisé ma route.

Une rencontre et un cheminement avec la Systémique

Je suis entrée sur le chemin de la systémique de manière tout à fait surprenante et intéressante. J'étais à l'époque Secrétaire générale de la Radio Télévision Suisse Romande lorsque l'Assistante sociale (formée à la thérapie brève qui est d'origine systémique) de la Radio Suisse Romande est venue me voir - au moment de son départ vers de nouveaux horizons - pour me dire qu'à l'instant où elle remettait ses clés, un regret a traversé son esprit : celui que la systémique ne soit pas plus connue notamment dans les entreprises. Je lui ai alors répondu ce que j'ai entendu par la suite tellement de fois : la systémique, qu'est-ce que c'est ? Je lui suis reconnaissante d'avoir suivi son impulsion, car c'est ainsi qu'a commencé ce qui est devenu une passion et ce qui fait que j'écris ce livre aujourd'hui.

J'ai d'abord suivi une première formation au Centre Interfacultaire d'Études Systémiques de l'Université de Neuchâtel (Suisse), sous la responsabilité du professeur Eric Schwarz. Centre qui a malheureusement fermé au moment de sa retraite. Ce dernier m'a transmis le virus de la systémique. Qu'il en soit ici vivement remercié. Ceci m'a apporté les fondements théoriques, m'a donné envie d'entrer dans la pratique et aussi de partager cette merveilleuse découverte avec le maximum de personnes.

Je me suis ensuite inscrite à l'Institut de Coaching (IDC) de Genève qui travaille dans une dynamique systémique et suis allée jusqu'à la certification au coaching. En parallèle, j'ai suivi de nombreuses formations et organisé des conférences afin de faire venir à Genève les personnes les plus pointues en matière de systémique : Michel Saloff-Coste dont l'ouvrage *Le Management du 3ème millénaire* est remarquable de vision et de pertinence ; Françoise Kourilsky qui, à travers son livre au titre particulièrement bien choisi, *Du Désir au plaisir de changer*, nous donne des clés systémiques et nous fait entrer dans l'univers de Palo Alto et d'un de ses dirigeants, Paul Watzlawick ; Hervé Seyriex, célèbre auteur dans les années 1980 du *Management du 3ème type* qui entre totalement dans cette mouvance ; Dominique Bériot pour son *Management de la complexité* ; Jacques-Antoine Malarewicz pour l'accompagnement du changement ; etc. Toutes et tous sont systémiciens dans leur pensée. Ils sont allés au-delà du mode de pensée traditionnel analytique pour entrer dans un mode de pensée systémique. Deux modes de pensée qui ont été opposés au départ, mais qu'il est bon de réunifier pour mieux les faire interagir et recevoir les bénéfices que chacun peut nous apporter !

Ce chemin m'a conduite un beau jour sur celui des Constellations Familiales, puis des Constellations Systémiques d'Organisation et des Constellations Structurelles qui sont aussi d'inspiration systémique. J'ai suivi une formation à ces divers outils d'origine allemande et dont le fondateur est Bert Hellinger. Dans un premier temps, auprès de Birgit Knegendorf qui a eu l'intelligence et l'humilité d'inviter à Paris les plus grands dans le domaine, dont Gunthard Weber, Albrecht Mahr, Guni Leila Baxa, Insa Sparrer et Matthias Varga von Kibed ainsi que Jan Jacob Stam.

Ma rencontre avec ce dernier a été décisive. Convaincue par son approche plus adaptée à l'entreprise et par son expérience de formation aux Pays-Bas, je lui ai demandé de venir donner à Genève une formation complète aux Représentations Systémiques d'Entreprise. Je tiens à souligner que si Jan Jacob Stam n'avait pas accepté le défi de cette formation, je ne me serais pas lancée seule et la méthode Penser, Voir et Agir Systémique© (PVASyst.) que j'ai développée ensuite n'aurait vraisemblablement pas vu le jour. Je lui suis reconnaissante et le remercie vivement pour son professionnalisme, l'éthique, la gentillesse et la générosité dont il a fait preuve.

Il y a eu également la rencontre avec Claude Rosselet lors d'un congrès à Vienne sur les Constellations d'Organisation. Il venait d'écrire un livre sur les Management Constellations et m'a spontanément demandé si j'étais intéressée à le traduire d'allemand en français, ce que j'ai tout aussi spontanément accepté. Il a été édité sous le titre *Intuition et management*.

Progressivement, je me suis entièrement consacrée à la systémique avec un objectif permanent : développer une méthode qui rende la systémique compréhensible, concrète et utilisable par tout un chacun.

L'objectif de ce livre est de rendre vivant et concret un certain nombre de concepts et de principes systémiques fondamentaux. De favoriser leur utilisation et leur application dans la vie de tous les jours y compris en entreprise. Cette dernière est le lieu privilégié d'une multitude d'échanges, de relations – donc d'interactions – que ce soit entre les personnes qui y travaillent comme entre les entreprises elles-mêmes. Par entreprise, j'entends toutes les formes d'organisation, qu'elles soient publiques ou privées, petites, moyennes ou grandes sans oublier les institutions, fondations et associations.

En fait, toute organisation faisant appel à un collectif. Ce collectif demande de plus en plus à être pris en compte et sera d'autant plus performant qu'on aura libéré l'intelligence au travail !

Avant-propos

```
        ┌─────────────────────────┐
        │  Partager / transmettre │
        │  la force et l'importance de │
        │     Penser Systémique   │
        └─────────────────────────┘
                    │
        ┌─────────────────────────┐
        │ Pourquoi et pour quoi ce livre? │
        └─────────────────────────┘
           │                    │
   ┌───────────────┐     ┌──────────────────┐
   │ Rendre concrète, │  │ Donner les clés du │
   │ utile et utilisable la │ │ Penser Systémique - │
   │ systémique avec des │ │ complémentaire au │
   │ outils simples et │  │ Penser Analytique - │
   │    puissants      │  │ pour ouvrir le champ │
   └───────────────┘     │   des possibles   │
                         └──────────────────┘
```

Esther Jouhet-Bordoni ©2019

Première partie :

Sur le chemin du Penser Systémique

- Chapitre I -
Des mots pour le dire et le partager

À une époque où les mots dépassent leur définition et sont habités par le vécu que l'on a d'eux, il convient de préciser ce que l'on entend par systémique, complexité, sens...

1. Systémique ou systématique ?

Bien souvent – trop souvent ? – lorsque je parle de systémique ou demande ce que ce mot évoque, on me répond « la systémique, qu'est-ce que c'est ? » ou tout simplement « systématique ? ». Il est vrai que les deux mots « systématique » et « systémique » ont pour racine « système » ; cependant leur sens est différent voire opposé, que ce soit dans le mode de penser comme dans le mode d'agir. Systématique s'applique à une méthode (par exemple, de classement) employée toujours selon le même ordre ; un système de valeurs qui entraîne des jugements absolus ; un comportement répétitif comme une opposition systématique ou positivité à toute épreuve quel que soit le contexte. Nous sommes avec ce mot dans un système fermé duquel on ne sort pas. En revanche, la systémique est un système ouvert qui a tous les systèmes pour objet d'étude et d'application.

Que faut-il entendre par système ? En fait, le mot système est un mot générique que l'on peut employer dès que deux éléments sont en présence. Pourquoi au moins deux ? Afin de permettre et de prendre en compte l'interaction. Il y a système à partir de deux éléments, puis sans limitation de nombre.

« Système » s'applique donc pratiquement à tout : que ce soit à un être humain, des groupes de personnes, des entreprises, des pays, l'univers… mais aussi à des éléments plus subtils comme des modes de pensée, de gouvernance, des valeurs, des philosophies, etc. L'emploi de ce mot favorise la prise de distance par rapport aux spécificités d'un élément pour s'ouvrir à la vision globale et faire émerger les grandes lignes directrices de l'ensemble qu'on avait perdues de vue en étant dans le particulier.

La systémique qui se fonde sur l'étude des systèmes démontre, notamment, que dès que deux éléments sont en présence, ils interagissent. Effectivement tout interagit, tout est interaction (nous y reviendrons au Chapitre V, chiffre 4). Nous pouvons donc dire que la systémique est la science des interactions.

De cette étude ressort un certain nombre de grands principes, dont la compréhension participe à la pratique d'un mode de penser : le Penser Systémique et par voie de conséquence d'un mode d'agir et de se comporter.

Enfin, Penser Systémique est particulièrement utile - pour ne pas dire indispensable - dans des situations complexes. La systémique est en fait à la base du langage de la complexité. Étude des systèmes, science des interactions, fondement d'un mode de penser, d'agir et de se comporter, base du langage de la complexité : telles sont les principales fonctions de la systémique.

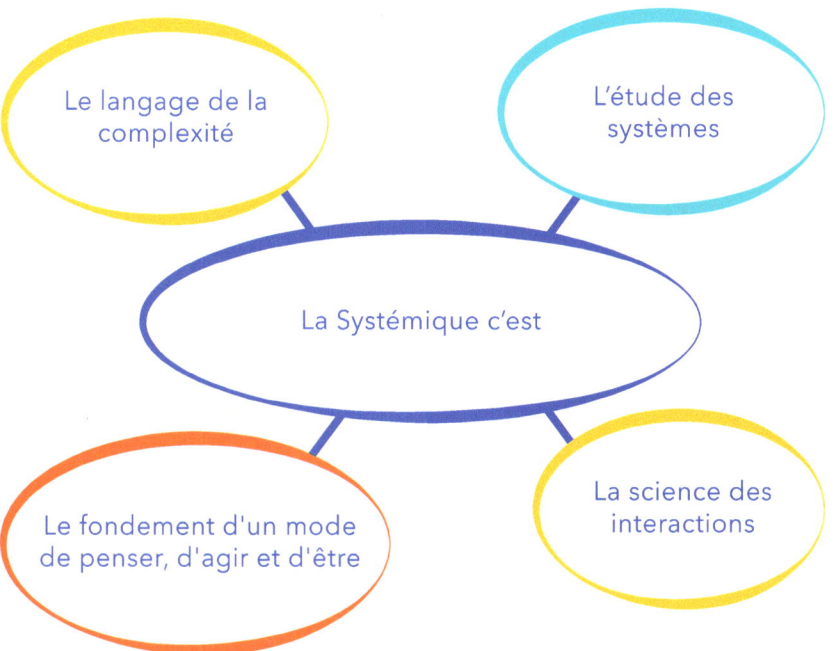

Esther Jouhet-Bordoni ©2014-2019

La Systémique, c'est aussi …

- ### La science des interactions
La systémique prend en compte ce qu'il se passe lorsque des systèmes entrent en relation. Elle s'intéresse aux interactions. Ce faisant, elle a déterminé un certain nombre de principes s'appliquant à tous les systèmes.

- ### Une forme de pensée éloignée de la pensée cartésienne
La pensée cartésienne, rationnelle, a eu une importance fondamentale dans les développements scientifiques notamment. Elle a imprégné notre forme de pensée occidentale binaire et analytique. La pensée systémique la complète en étant holistique et circulaire.

- ### Un mode de penser complémentaire à la pensée analytique
On peut avoir tendance à opposer ces deux modes de penser. Ils sont pourtant complémentaires et interagissent l'un avec l'autre pour le plus grand bien des deux parties.

- ### Privilégier la vision d'ensemble / une vision globale
Compte tenu de l'importance des interactions, il est fondamental d'appréhender la globalité du système afin de mieux en comprendre le fonctionnement et les dynamiques sous-jacentes.

- **Prendre en compte les dynamiques systémiques**

Ces dynamiques sont sous-jacentes à tous les systèmes. Les connaître permet de se donner toutes les chances d'évoluer dans un système harmonieux. Notamment dans les situations complexes et de changement.

- **La clé de compréhension de la complexité**

La complexité est le résultat de la multiplicité des systèmes en interaction. Plus il y a de systèmes en interaction, plus les choses sont complexes. Entrer dans un mode de pensée systémique permettra de mieux s'y mouvoir.

2. Complexité ou complication ?

Notre époque se caractérise par une complexité sans cesse croissante et par l'imprévisibilité qui l'accompagne. Nous entendons de plus en plus que telle organisation, telle idée, telle relation est complexe voire compliquée... ou compliquée parce que complexe... On emploie d'ailleurs fréquemment « compliqué » à la place de « complexe » et généralement, lorsqu'une situation est complexe, on la voit immédiatement comme compliquée.

Qu'est-ce donc que la complexité ?

On peut décrire la complexité très simplement comme le résultat de la multiplication des systèmes en interaction. On peut aussi dire que la complexité, c'est l'interaction en mouvement. En fait, plus il y a de systèmes en interaction, plus cela devient complexe et donc riche et nuancé. A contrario, un système simple est un système qui a peu d'interactions. Un système compliqué n'est pas forcément complexe tout comme un système complexe n'est pas obligatoirement compliqué. Prenons l'exemple particulièrement parlant d'un radiateur. Il est complexe, car il y a plusieurs facteurs qui entrent en interaction, mais il n'est pas forcément compliqué. En effet, vous programmez votre radiateur du salon à vingt degrés et il va faire son travail afin que la pièce soit à la température demandée. Une fenêtre est ouverte faisant pénétrer le froid de l'extérieur (première interaction) et le radiateur va augmenter sa puissance (deuxième interaction) pour arriver à la mission qui lui a été confiée : vingt degrés. Vous fermez la fenêtre et il va reprogrammer sa puissance et ainsi de suite. Nous sommes en présence d'un système peu complexe et pas compliqué. L'organisation d'un agenda peut se révéler nettement plus complexe, sans parler du budget familial ou encore plus celui d'une entreprise. Car de nombreux paramètres et donc d'interactions entrent en jeu.

Toujours à titre d'exemple : un pays, une holding internationale, l'Organisation des Nations-Unies sont des systèmes particulièrement complexes dans lesquels interviennent non seulement les éléments nécessaires à toute bonne gestion (notamment systèmes de gouvernance, économique, d'information et de communication et - s'il s'agit d'un pays - système social) mais aussi – et surtout – les éléments humains tels que la culture, les religions, les langues, le mode de penser, etc., autant d'éléments (et bien plus), de sous-systèmes qui vont interagir en permanence et influencer fortement le système qui est particulièrement complexe et demandera, pour le moins, d'entrer dans un mode de Penser Systémique ! Une question que j'aime bien poser est : Quel est selon vous le système le plus complexe qui soit ? Réponse : l'Être Humain qui réunit en lui un nombre considérable de sous-systèmes et donc d'interactions visibles et invisibles. Le processus s'agrandit lorsque deux Êtres humains sont en présence et encore plus lorsqu'il y en a plusieurs !

Ainsi, plus il y a de systèmes en interaction et plus cela devient complexe, car chaque système qui entre en relation avec un autre système se retrouve impacté – consciemment ou inconsciemment - par cette interaction. Cela crée ainsi un nouveau système plus nuancé, plus riche, plus complexe. Cela entraîne également l'imprévisibilité ! Nous sommes dans la belle dynamique du vivant.

Synthèse de la notion de complexité :

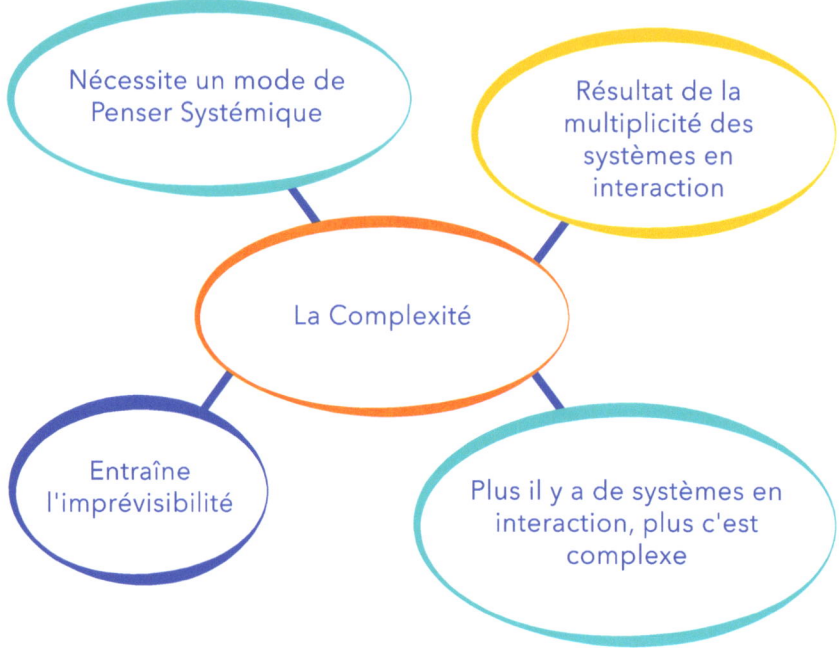

Esther Jouhet-Bordoni ©2014-2019

3. L'imprévisibilité au cœur de la complexité

L'explosion des moyens de communication et leur rapidité – que ce soit physiquement ou virtuellement – ainsi que l'évolution des personnes et des modes de pensée - qui sont aussi le résultat de nombreuses interactions à travers le temps, l'espace et les cultures - amènent un mouvement de complexification croissant et, par voie de conséquence, une imprévisibilité grandissante.

Ceci rend les systèmes de plus en plus riches par toutes ces ouvertures et interactions, mais peut aussi entraîner progressivement des difficultés devant un champ des possibles particulièrement vaste. Surtout si l'on ne sait pas ce que l'on veut.

Il est alors indispensable d'être au clair sur le but recherché, d'avoir une vision d'ensemble de ce champ, de capter ce qui interagit afin de comprendre comment aller là où l'on veut aller et avec quels moyens.

De plus, la complexité croissante dans laquelle nous vivons fait que chaque système concerné devient - par les différentes interactions qui le composent - un système vivant et dynamique qui bouge, change et évolue au fur et à mesure des relations qui se créent et se développent. Ces différents enchevêtrements entraînent une imprévisibilité croissante : on ne peut plus tout contrôler et, par conséquent, nous sommes dans la nécessité d'avoir une vision d'ensemble de ce qui se passe. Nécessité également de posséder un sens clair afin que les parties constitutives du système sachent où aller et aillent dans la même direction ; mais aussi un sens évolutif interagissant avec l'environnement faute de quoi ce dernier risque d'être perdu en cours de route. Le système avancera alors de manière dépassée et bien souvent inadaptée voire même indépendante. Il est donc essentiel de savoir se poser régulièrement – surtout lorsque l'environnement bouge - la question du sens du système, des systèmes dans lesquels nous sommes pour bien accompagner le mouvement et ne pas être trop désarçonné par l'imprévisibilité qui en découle.

La complexité et sa conséquence, l'imprévisibilité, nous incitent à poser et reposer cette question fondamentale : qu'est-ce que je veux / nous voulons ? Où est-ce que je veux / nous voulons aller ? Quel est le sens de ce que je fais / nous faisons ? Sans cela, nous perdons le sens ; nous ne savons plus ou pas où nous allons et – bien entendu - nous ne risquons pas d'y arriver.

4. LE SENS : DIRECTION OU RAISON D'ÊTRE ?

En réalité, direction ET raison d'être.

Le mot "Sens" est particulièrement riche et nuancé ; cependant les différentes acceptions pour Sens ont la même racine : l'Intention ! L'intention est ce qui est à la base d'une action. Notre intention va nourrir la raison d'être, le but, le sens d'un système et donner une direction. Le sens peut aussi être employé pour la signification d'un mot, d'un comportement. Comprendre le sens du mot employé et du comportement utilisé favorisera une meilleure compréhension, voire acceptation de ce mot, de ce comportement.

Lorsque nous parlerons du sens en systémique, tant au niveau des grands principes que des outils, ce sera dans l'idée notamment de la raison d'être, du but, de l'objectif d'un système.

C'est dans cet esprit que l'on peut mettre en avant le constat que nous sommes actuellement de plus en plus confrontés au défi du sens – voire du bon sens ! - et cela à tous les niveaux. Que cela soit en entreprise, en politique et même au plan personnel - sans parler des plans nationaux et internationaux – on est souvent soit en train de se demander « quel est le sens de ce que l'on fait / ou de ce qui est fait ? » soit encore d'affirmer « cela n'a pas de sens ! ». L'on se retrouve parfois à ne même plus rechercher le sens.

Pourtant, jamais il n'a été aussi indispensable d'être au clair sur le sens d'une action entreprise ou à entreprendre.

Qu'est-ce qui fait que ce phénomène de perte de sens est de plus en plus courant et même s'amplifie ? Tout simplement – pourrait-on dire - du fait de la multiplicité des interactions et donc de la complexification qui l'accompagne. De nombreuses causes et conséquences s'entremêlent et évoluent, ce qui fait que les systèmes (dont soi-même) bougent de plus en plus et sont en mouvement de plus en plus rapide. Le sens lui-même évolue et demande d'être re-questionné, voire d'être remis en question. L'imprévisibilité s'invite et notre penser analytique traditionnel ne suffit largement plus, le contrôle n'a progressivement plus ses lettres de noblesse. Si on reste dans l'analytique, on perd le sens, on ne le retrouve plus et on l'oublie même...

Quelques utilisations du mot sens :

Esther Jouhet-Bordoni ©2014-2019

- Chapitre II -
Penser Analytique / Penser Systémique : faut-il choisir?

1. La Pensée analytique, moteur des grandes avancées scientifiques

Le mode de penser analytique a construit ses fondamentaux, en particulier, au travers du *Discours de la méthode* de Descartes qui énonce quatre grands principes qu'il est intéressant de relire et dans lesquels on retrouve notre mode de raisonnement traditionnel :

> **Les quatre grands principes fondamentaux de la pensée cartésienne**
>
> « Le **premier** est de ne recevoir jamais aucune chose pour vraie, que je ne la connusse évidemment être telle: c'est-à-dire, d'éviter soigneusement la précipitation, et la prévention; et de ne comprendre rien de plus en mes jugements, que ce qui se présenterait si clairement et si distinctement à mon esprit, que je n'eusse aucune occasion de le mettre en doute.
> Le **second**, de diviser chacune des difficultés que j'examinerai, en autant de parcelles qu'il se pourrait, et qu'il serait requis pour les mieux résoudre.
> Le **troisième**, de conduire par ordre mes pensées, en commençant par les objets les plus simples et les plus aisés à connaître, pour monter peu à peu, comme par degrés, jusqu'à la connaissance des plus

> composés ; et supposant même de l'ordre entre ceux qui ne se précèdent point naturellement les uns les autres.
> Et le **dernier**, de faire partout des dénombrements si entiers, et des revues si générales, que je fusse assuré de ne rien omettre. »
>
> - René Descartes

La grande force de l'Occident a été de vouloir au fil des siècles comprendre et maîtriser les phénomènes naturels qui étaient, depuis le commencement et de manière générale, subis et considérés d'origine divine. Le monde était vu et vécu à travers les humeurs des dieux, puis selon les régions, soumis à la volonté d'un Dieu à travers la religion et ses représentants.

Pour contrebalancer cette prédominance du divin et de l'esprit, il fallait un mouvement fort : séparer l'esprit de la matière et se focaliser sur l'observation. Partir des faits pour élaborer une théorie qui permettra des prédictions qui seront soumises à nouveau à l'observation afin d'évaluer la qualité de la théorie. Ce sont en fait les quatre piliers de la méthode scientifique.

La pensée analytique procède donc au plan scientifique de la pensée cartésienne et a construit, d'une part, le raisonnement scientifique qui a nourri le matérialisme, le réductionnisme, le déterminisme et l'empirisme logique ; d'autre part un mode de penser et donc de faire que l'on retrouve dans tous les domaines de la vie publique, civile, privée et sur le plan personnel voire existentiel.

Cet empirisme logique se développe concrètement en quatre étapes :
1. Observation, recueil des données ;
2. Établissement d'une théorie ;
3. Prédiction d'autres observations supposées en découler ;
4. Recherche des observations prédites.

La prédiction et le contrôle sont donc à portée de main dans un univers qui se déploie lentement dans le temps.

De plus, nous sommes encore aujourd'hui pour la plupart les enfants de Descartes, imprégnés d'une pensée rationnelle, « cartésienne », où nous avons appris à séquencer, réduire jusqu'au plus petit dénominateur commun et avons bien souvent perdu la vue d'ensemble et par conséquent le SENS du tout.

Nous cherchons le pourquoi des choses que l'on croit déterminé et immuable et nous ignorons, voire oublions parfois et même souvent, le comment de l'interaction ; de ce qui se passe lorsque deux ou plusieurs systèmes sont en relation, ce qui va entraîner le mouvement et l'imprévisibilité. Nous sommes les spécialistes de l'approfondissement, de la spécialisation. Le tout a permis de belles avancées, mais nous avons aussi - de ce fait - réduit le champ des possibles. Il est essentiel aujourd'hui de revenir à l'équilibre et d'adopter en plus de notre mode de penser analytique un mode de Penser Systémique.

> « Si l'on considère l'état d'un système à un instant donné, les lois de la nature déterminent non pas le futur et le passé avec certitude, mais les probabilités des futurs et passés possibles. Les scientifiques doivent accepter les théories qui rendent compte des faits et non celles qui collent à leurs idées préconçues. »
>
> - STEPHEN HAWKINGS

2. LE PENSER SYSTÉMIQUE, MODE DE PENSER DE LA COMPLEXITÉ

Le développement de la pensée systémique date des années 50 du siècle dernier dans le cadre de l'Ecole de Palo Alto avec des chercheurs pluridisciplinaires qui ont mis en présence et en interaction leur différentes spécialités avec pour but de créer une nouvelle technique de communication, voire de pensée. On peut notamment citer Grégory Bateson, Paul Watzlawick et Milton Erikson.

Cependant, le pionnier est Ludwig von Bertalanffy. Ce dernier va, dès les années 1920, élaborer une Théorie générale des Systèmes et être le fondateur des « systèmes ouverts », ce qui va très naturellement entrer dans la dynamique de la relation et des interactions.

Plus près de nous dans le temps (dans les années 1980), une autre approche au fondement systémique a vu le jour grâce à un psychologue allemand, Bert Hellinger, qui a conçu une méthode à but thérapeutique, les *Familien Aufstellungen* traduit en français par Constellations familiales.

Compte tenu de ses résultats et sous l'impulsion d'un psychiatre allemand Gunthard Weber, cette méthode s'est ouverte à l'entreprise sous l'appellation *Organisation Aufstellungen* généralement traduit en français par Constellations d'Organisation ou encore Constellations Systémiques d'Organisation. Traductions qui ne me semblent pas adéquates. J'ai ainsi préféré traduire *Organisation Aufstellungen* par Représentations Systémiques d'Entreprise. Cette traduction me paraît plus juste tant au niveau du mot - *Aufstellung* signifiant littéralement placement / exposition - qu'au niveau du contenu puisque l'on travaille avec des représentants. En outre, si les Constellations familiales sont à la racine des Constellations d'Organisation - ou pour moi Représentations Systémiques - ces dernières se pratiquent malgré tout différemment et il est essentiel d'y être attentif, particulièrement en entreprise où elles peuvent trouver un large champ d'application et de développement. Mais si elles se structurent autour des Constellations familiales – comme c'est souvent le cas – il peut y avoir une déviation et surtout une fausse utilisation de ce bel outil que sont les Représentations Systémiques d'Entreprise et ainsi, malheureusement, lui faire du tort et freiner, voire stopper son évolution.

Cependant, toutes ces approches ont permis l'ouverture d'un nouveau mode de pensée : la prise de conscience, d'une part, de l'existence de multiples systèmes qui communiquent et donc interagissent et, d'autre part, de la nécessité d'ouvrir notre mode de pensée en incluant le mouvement, pour mieux appréhender cette évolution. Le mouvement de la vie, qui intègre le visible et l'invisible, nous conduit à prendre en compte les lois du vivant !

> « Il n'y a rien au niveau de la particule élémentaire - la matière - qui puisse donner une explication au niveau de la vie même microscopique. Ce que les physiciens affirment s'applique au domaine de la matière, mais n'implique strictement rien pour la vie ou l'esprit... Les particules élémentaires sont la description d'une construction humaine que nous appelons matière, mais ce qui est fondamental c'est mon expérience directe. »
>
> - Francisco Varela

> « Jamais nous ne pourrons voir la réalité telle qu'elle est. Nous la voyons toujours à travers un filtre. Il y a bien un type de réalité là quelque part, mais jusqu'à un certain point il dépend de celui qui le regarde à travers son conditionnement, son contexte sociologique. »
>
> - Jeremy Harward

Bienvenu dans le monde de la complexité qui est là et se développe depuis le Big Bang nous permettant d'être les filles et fils des poussières d'étoiles ainsi que le dit si poétiquement l'astrophysicien canadien Hubert Reeves. Poussières d'étoiles, fruit du développement de l'univers qui n'arrête pas d'interagir et qui est en perpétuelle expansion.

La pensée analytique a en elle ses limites du fait de ses certitudes. La pensée systémique permet de s'ouvrir à l'imprévu, au non visible, au potentiel.

3. Complémentarité entre Penser analytique et Penser systémique

Un des principes systémiques que nous approfondirons est que tout système - quel qu'il soit – a un début et une fin (cf. Chapitre V #6a). Cela s'applique aussi au système de pensée analytique qui est arrivé au bout de ce qu'il pouvait apporter en tant que système de pensée prédominant en Occident. Il doit maintenant s'ouvrir (et non s'effacer, car il ne s'agit pas de l'exclure) à un nouveau champ qui lui sera complémentaire et permettra d'aller plus loin : le système de pensée systémique.

Cette complémentarité entre la pensée analytique et la pensée systémique peut se décliner tant au niveau du sens qu'aux niveaux du processus, des conséquences, du résultat et du focus.

PENSER, VOIR ET AGIR SYSTÉMIQUE

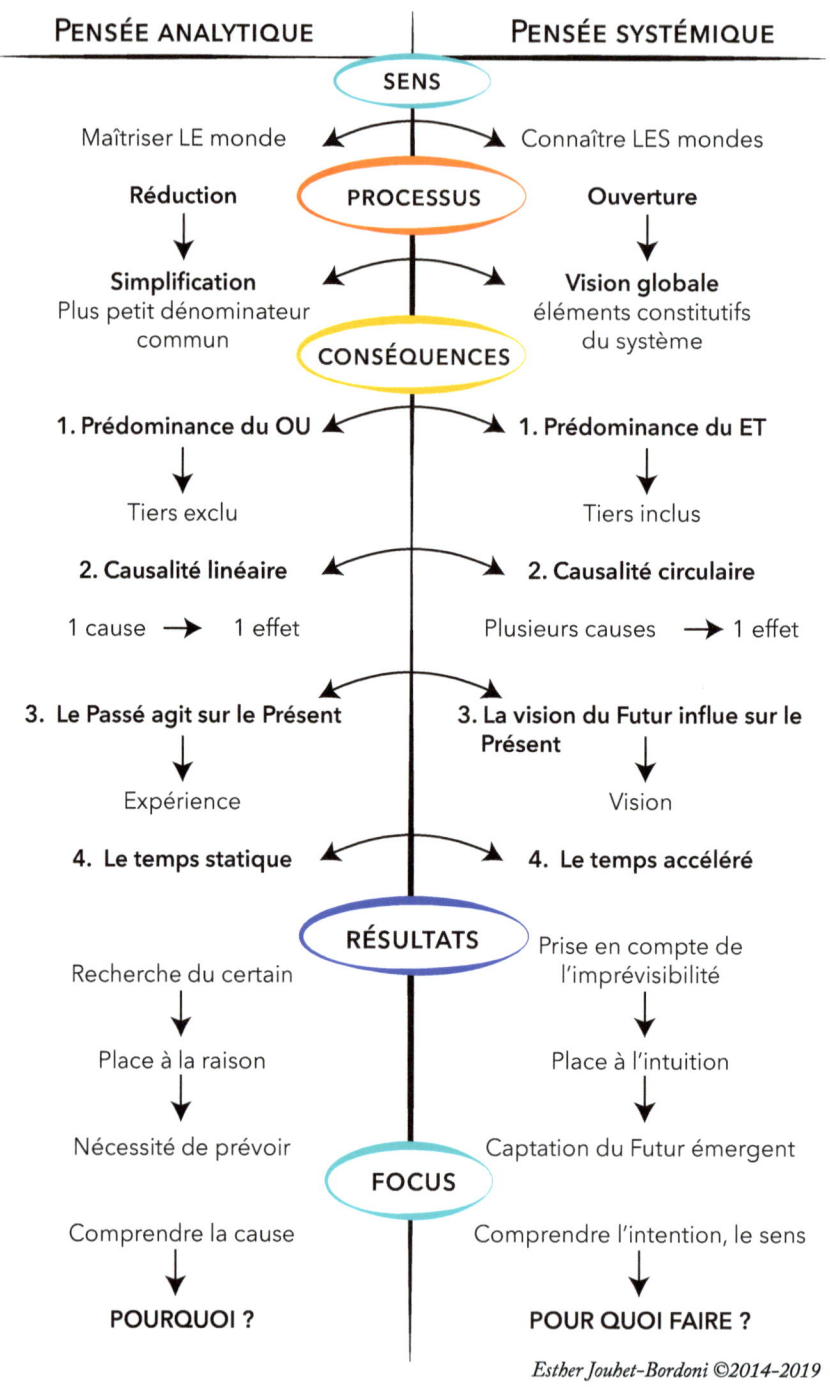

a) LE SENS

Le sens de la pensée analytique a été de maîtriser LE monde. Face aux éléments hostiles, il a été indispensable de se protéger et de maîtriser la nature afin de survivre puis de vivre. Le système s'est emballé et nous sommes actuellement dans une dynamique inverse où il s'agit de protéger la planète. Le sens de la pensée systémique est de connaître LES mondes. Une prise de conscience s'est progressivement faite de l'existence de mondes, de cultures, de modes de pensée et d'être différents auxquels il s'agit de s'ouvrir et avec lesquels il est essentiel d'interagir. Amadou Hampaté Ba, écrivain et philosophe malien, disait de manière poétique et juste : *"Si tu penses comme moi, tu es mon frère ; si tu ne penses pas comme moi tu es deux fois mon frère car tu m'ouvres à un monde nouveau."*

b) LE PROCESSUS

Le processus utilisé par la pensée analytique est la simplification et - pour reprendre le précepte de Descartes - de réduire le système jusqu'au plus petit dénominateur commun. Le processus de la pensée systémique est l'ouverture afin d'avoir une vision globale et de connaître les différents éléments constitutifs du système.

c) LES CONSÉQUENCES

Les conséquences du processus utilisé dans la pensée analytique sont de manière synthétique au nombre de quatre :

1. *Prédominance du OU*

Pour réduire, il s'agit d'éliminer une alternative sur deux afin d'arriver au plus petit dénominateur commun. Par exemple : Blanc ou bleu ? Bleu. Bleu clair ou bleu foncé ? Bleu clair. Mat ou brillant ? et ainsi de suite. On entre dans une logique de tiers exclu.

2.   Causalité linéaire

Une cause donne un effet. Si l'on trouve La cause d'un problème, on a une solution qui s'appliquera à tous les problèmes du même genre.

3.   Le passé influe sur le présent

On tire des leçons des expériences passées et on les applique dans le présent.

4.   Le temps est statique

On sent que l'on a le temps devant soi et que l'on peut prévoir ce qui va arriver et même le contrôler.

Les conséquences dans le cadre de la pensée systémique sont aussi au nombre de quatre afin de faciliter la comparaison :

1.   Prédominance du ET

On est dans une dynamique d'ouverture aux mondes et donc de tiers inclus. C'est blanc et bleu, car cela dépend de l'interaction avec le contexte.

2.   Causalité circulaire

Il y a plusieurs causes pour un effet et ces causes sont interagissantes. Il n'y a plus un seul pourquoi, mais de nombreux pourquoi qui interagissent entre eux et dans le temps. Les solutions ne sont plus absolues mais relatives.

3.   La vision du futur influe sur le présent
Si l'expérience et ses leçons sont importantes, elles ne sont pas suffisantes car tout bouge et interagit. Il s'agit bien plus de savoir où l'on veut aller et de maintenir le cap. L'on construit son présent en fonction du but, de l'objectif souhaité.

4.   Le temps accéléré
C'est un fait : le temps, à travers notamment la perception que l'on en a, s'est accéléré. Toutes ces interactions et les développements technologiques qui les accompagnent entraînent une accélération de la communication, des évènements… et du processus du changement (cf. Chapitre V #7).

Ces conséquences ont pour résultat deux dynamiques qui semblent s'opposer, mais qui sont en fait complémentaires.

d)   Les résultats
Au niveau de la pensée analytique, il y a comme résultat la recherche du certain que l'on sent atteignable. Ce qui entraîne la nécessité de faire place à la raison, à la logique déductive afin de prévoir, de ne pas être dans l'imprévu et de prendre le contrôle sur ce qui pourrait arriver. Dans le cadre de la pensée systémique, le résultat est que l'on prend en compte la complexité actuelle et ses multiples interactions qui amènent l'imprévisibilité. L'on fait place à l'intuition afin de capter le futur émergent, car tout n'est pas prévisible.

e) LE FOCUS

Au niveau de la pensée analytique, le focus est mis sur la compréhension de la cause et la question phare est : Pourquoi ? Qu'est-ce qui fait que cela arrive ? Dans le cadre de la pensée systémique, le focus est mis sur le sens, la compréhension de l'intention et la question essentielle est : Pour quoi faire ? car il y a bien souvent de nombreux pourquoi et il nous faut alors revenir au sens !

Il n'est plus possible de nos jours de penser de manière réductionniste et linéaire. Si cette forme de pensée qui a été à la base des grandes découvertes scientifiques a été particulièrement utile en son temps, elle n'est plus suffisante et n'est plus adaptée aux évolutions que nous vivons depuis quelques décennies. De nombreux scientifiques, penseurs, psychologues, auteurs le reconnaissent et le prônent, tels que Joël de Rosnay, Françoise Kourilsky et Michel Saloff-Coste.

Après avoir connu le *ou* et le *pourquoi* qui caractérisent la pensée analytique, il faut à présent apprivoiser le *et* ainsi que le *comment* de la pensée systémique. La pensée binaire (être pour *ou* contre) qui entraîne un tiers exclu (ce qui est indispensable dans la pensée cartésienne : réduire jusqu'au plus petit dénominateur commun) s'enrichit de plus en plus de la pensée circulaire : être pour *et* contre selon les moments et donc selon l'interaction pour s'ouvrir au tiers inclus. Entrer dans le *et* est bien souvent la clé de ce qui peut débloquer une situation.

La pensée analytique qui privilégie le *pourquoi* doit être complétée par la pensée systémique qui s'intéresse au *comment*, au processus, aux interactions. En effet, le *pourquoi* est parfois tellement complexe qu'il est très difficile de le déterminer. Il n'y a bien souvent pas un seul pourquoi, mais un grand nombre de *pourquoi* qui ont interagi entre eux pour donner un résultat.

Voici donc une des premières clés de la pensée systémique : apprendre à ne pas toujours être dans le *ou* et savoir être plus souvent dans le *et*. On peut être pour une chose et son contraire sans être quelqu'un d'indéterminé. En effet, cela dépend du contexte, du moment et de l'interaction.

L'on peut aussi ne pas trop s'appesantir sur le pourquoi, car il est tellement inter-relié que l'on peut s'y perdre et s'intéresser au comment d'une action, d'un comportement afin de mieux comprendre leur fonctionnement.

Deuxième partie:

Des outils pour appliquer et pratiquer le Penser Systémique

- Chapitre III -
Le processus du penser systémique

Quel est le processus qui nous permet de Penser Systémique et quelles en sont les conséquences ? Ce sont les questions qui m'ont progressivement amenée à modéliser cette forme de pensée.

On peut modéliser le processus en sept phases, interagissantes et simultanées.

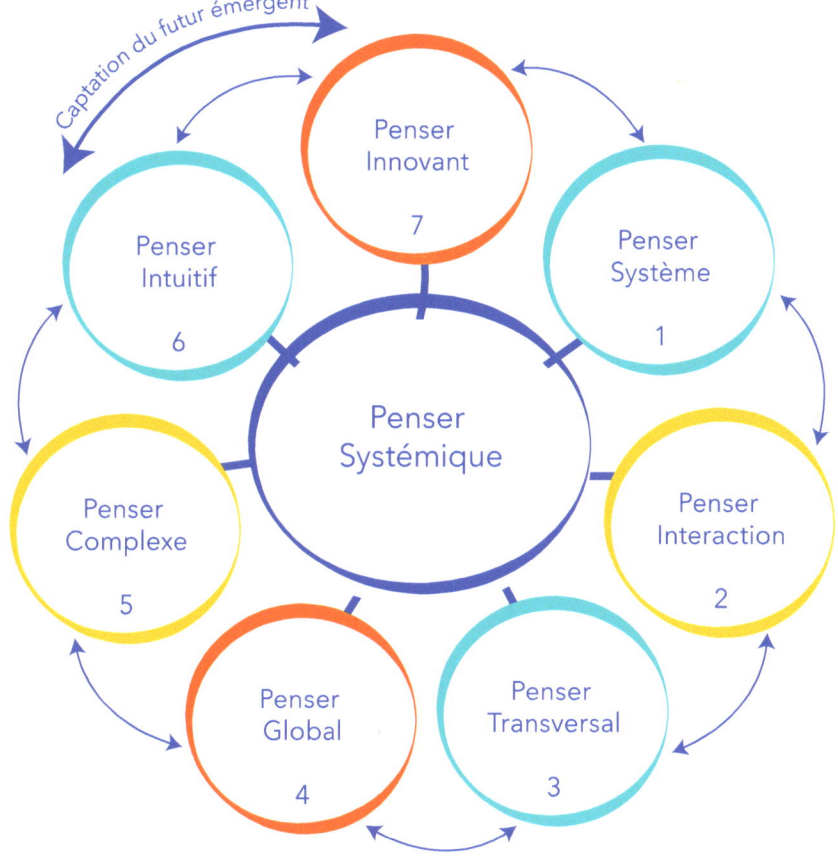

Esther Jouhet-Bordoni ©2014-2019

1. PENSER SYSTÈME

Pour Penser Systémique, il s'agit en premier lieu de **PENSER SYSTÈME** (1), c'est-à-dire voir et appréhender les situations, les personnes, les choses comme des systèmes dans leur globalité et non plus dans leur particularité. Ceci afin de sortir de l'individualité des éléments constitutifs du système, prendre de la hauteur et s'intéresser aux interactions, à la relation entre ces éléments. Le tout va permettre d'avoir une vision d'ensemble et favoriser une certaine neutralité. Ainsi, que l'on soit dans une relation humaine, ou entre deux ou plusieurs entreprises, pays, il s'agit de les voir comme des systèmes qui obéissent à un certain nombre de grands principes et pour lesquels il y a des clés que l'on peut actionner. Tout peut être vu sous forme de système, que ce soit des êtres humains, des relations, des entreprises, des théories, des croyances...

En regardant les choses sous forme de système, on entre dans une neutralité qui va permettre l'observation de ce qui se passe au cours d'une ou plusieurs interactions. On est dans la vision globale et la prise de distance, on n'est plus dans le détail, l'individualité, peut-être même l'émotionnel et l'on est en mesure de regarder, voire de comprendre le processus et les interactions qui se déroulent.

2. PENSER INTERACTION

Penser Systémique, c'est automatiquement et au même moment **PENSER INTERACTION** (2). En fait, tout interagit et ceci jusqu'à la plus petite particule. Les découvertes en physique quantique nous le démontrent (Fentes de Young / Intrications quantiques / Dualité onde-corpuscules / Non localité quantique, etc.). On ne peut pas ne pas interagir, l'observateur agit sur la chose observée.

La systémique est une science des interactions et des rétroactions. L'une des premières théorisations de cette boucle de rétroaction est la notion de feedback en communication. Ce que l'on nous dit enrichit notre mode de penser et entraîne une réponse qui amène une nouvelle réponse et ainsi de suite. Il y a interaction. Cependant, cette interaction ne se fait pas uniquement avec la parole. Si le feedback est très lié au langage parlé, il est fondamental de ne pas oublier que l'on communique beaucoup plus par le non dit, le non exprimé verbalement. La captation de l'information est infiniment plus rapide avec le corps – grâce à notre cerveau reptilien – qui nous permet de capter des signaux à priori imperceptibles.

Dans le cadre d'une communication, un facteur essentiel est celui de la qualité de la relation, du lien. C'est une interaction fondamentale qui fait que l'on va pouvoir entendre le feedback de l'autre plus ou moins bien selon la qualité de la relation que l'on a avec lui. Selon le lien plus ou moins fort avec une personne, l'on sera plus ou moins ouvert à ce qu'elle dit, propose et l'on appliquera plus ou moins de filtres. Nous sommes des êtres subjectifs, interagissants. Le plus important dans une communication n'est plus le contenu ni même la forme de cette communication. Le plus important sera la qualité de la relation que nous avons avec notre interlocuteur ; celle qui fera que nous l'écouterons ou non.

Cette relation peut être une relation directe de personne à personne, mais aussi indirecte, informelle et simplement fondée sur une perception, un ressenti. Telle personne nous sera ou pas sympathique et nous serons ou non réceptifs à ce qu'elle dira. Ainsi, en cas de feedback négatif sur notre travail, nous allons l'entendre et l'accepter si nous sommes dans un lien de confiance. Dans le cas contraire - malgré toutes les précautions de forme et de langage prises - nous ne serons pas en mesure de prendre ce qu'il y a à prendre, d'entendre ce qu'il y a à entendre.

3. PENSER TRANSVERSAL

Lorsqu'on prend en compte à la fois l'ensemble d'un système et de ses interactions, on est prêt à **PENSER TRANSVERSAL (3)**. Ce qui signifie regarder en transverse, dans le sens de la longueur ce qui se passe et être en mesure de voir que l'on fait partie du système observé, que l'on interagit sur ce système. C'est pouvoir réaliser que dans tout ce qui se passe il y a notre part même si elle est infime. On commence à prendre conscience de la part qui est la nôtre à l'intérieur de ce système et de la responsabilité qui nous incombe.

Penser en transverse c'est être dans l'horizontal, au même niveau que les autres parties prenantes du système. Penser Transversal fait sortir de l'individualité, permet d'ouvrir son système de communication, fait sortir de la dynamique - ou plutôt de la non dynamique - des silos et bouleverse la hiérarchie. Le transverse est dans l'horizontal et la hiérarchie est dans le vertical.

Jeremy Rifkin, auteur notamment de *La 3ème Révolution industrielle*, parle de pensée latérale. Nous sommes dans la même notion, mais je préfère privilégier celle de pensée transverse où – me semble-t-il - l'on sent que quelque chose a bougé, a traversé. Il y a quelque chose qui reste imprégné. C'est la part de l'interaction.

4. PENSER GLOBAL

Penser Systémique, c'est **PENSER GLOBAL (4)**. C'est aller au-delà de la situation elle-même et ouvrir notre champ de vision ; c'est aller visiter ce qui est autour du système et qui interagit avec lui. Chaque système fait partie d'un système qui l'englobe (qui est lui-même partie d'un autre système) et est composé de sous systèmes à l'image des poupées russes.

Cette vision holistique, qui se situe à différents niveaux et dans différentes couches, permet d'appréhender tout le champ concerné. Cependant, nous sommes des enfants de Descartes et il nous est difficile d'entrer dans un tel mode de pensée. Nous avons plutôt appris à fractionner, diviser, réduire afin de mieux résoudre. Si cette méthode a fait des merveilles et a permis bien des avancées, nous sommes aujourd'hui arrivés au bout de ce système. On ne peut plus se mouvoir dans la complexité uniquement avec un esprit cartésien, classique, analytique.

Il faut lui ajouter une pensée complémentaire : la pensée systémique, holistique, interagissante. Il ne s'agit pas d'opposer ces deux formes de pensée et encore moins d'en exclure une. Il s'agit là encore d'interagir, d'employer selon le moment, la situation, l'objet, alternativement l'une et l'autre forme de pensée en attendant de pouvoir le faire simultanément de manière aisée.

5. Penser complexe

Penser Systémique, c'est la clé pour **Penser complexe (5)** pour se mouvoir dans la complexité. Je privilégie une définition très simple de la complexité : elle est la résultante de la multiplicité des systèmes en interaction (je ne le répéterai jamais assez). Plus il y a de systèmes en interaction, plus c'est complexe. C'est ce qui donne toute sa richesse, ses nuances et ses spécificités à un système, mais c'est aussi ce qui fait que l'on ne peut l'appréhender uniquement avec notre mode de pensée rationnel.

Avec notre mental, analytique, cartésien, on peut aller jusqu'au Penser Global ; mais au delà, les interactions s'additionnent et se multiplient. Plus c'est complexe, plus cela entraîne de complexification et plus le processus du changement s'accélère. Dans ce cas, quels sont les repères ? Se reconnecter au sens, à l'intention, à la raison d'être, à la mission, à l'objectif, au but, à la direction que l'on prend.

On peut ainsi se mouvoir dans la complexité parce qu'on entre dans le mouvement. La complexité c'est le mouvement de vie. On ne contrôle pas la complexité – surtout lorsqu'elle se complexifie - car elle a pour conséquence l'imprévisibilité.

Pour l'entreprise, on faisait des plans à 10 ans - ce qui était tout à fait sensé et adapté à des périodes moins complexes et où les changements étaient moins rapides ; plans qui ont progressivement été ramenés à 5 ans puis à 3 ans en les adaptant chaque année, car tout a commencé à changer de plus en plus vite. Un système en interaction avec un autre système entraîne un troisième système. Il va interagir avec un autre qui va donner un autre système, ou deux autres sous-systèmes qui vont interagir avec d'autres systèmes et ce faisant créer d'autres systèmes... Cela peut donner le vertige. Cependant, cela est et on ne peut l'empêcher ni le réduire et encore moins le prévoir !

Il faut alors toutes les ressources conjointes du Penser Analytique et du Penser Systémique. Il s'agira à la fois d'utiliser LA grande clé - celle du Sens - et aller au-delà de notre mental qui ne capte avec notre néocortex qu'une infime partie des informations existantes. Nous devons faire appel à nos cerveaux limbique et reptilien qui ensemble nous permettent d'entrer dans le Penser Intuitif.

6. PENSER INTUITIF

Penser Systémique, c'est s'ouvrir à notre **PENSER INTUITIF (6)**, qui est particulièrement performant au niveau de la captation de l'information. Nous percevons avec notre cœur et notre corps bien plus d'informations qu'avec notre tête, notre mental. Otto Scharmer, professeur de leadership transformationnel au MIT de Boston, le décrit très bien dans son livre sur sa *Théorie U*. Il souligne également toute l'importance de la présence corps/coeur/tête où l'on a toutes nos capacités de captation ouvertes. Lorsque l'on est présent aux choses, complètement là, on est totalement connecté. La *Théorie U* propose non pas d'aller en ligne droite, mais de redescendre à l'intérieur de soi. On est dans le Penser Intuitif.

L'intuition est de l'ordre de la perception ; cette dernière va être traduite par notre mental. En fait, le mental va décrypter notre intuition. La part du mental sera ce qui va me permettre de formaliser l'intuition. L'intuition et le mental doivent coopérer, interagir au moment d'une prise de décision dans une belle alliance entre le Penser Analytique et le Penser Systémique.

7. Penser innovant

Le Penser Intuitif nous ouvre la porte du **Penser innovant (7)** et nous met en capacité de capter le futur émergent. Un futur qui n'est pas déterminé, mais qui émerge du mouvement de vie donné par les différentes interactions en présence.

L'innovation n'est pas la recherche de l'originalité. L'innovation correspond à un besoin. C'est libérer quelque chose qui est en gestation, qui est prêt à éclore : le futur émergent. Cela nous permet non pas de contrôler l'imprévisibilité – ce qui est impossible – mais de la prendre en compte et d'aller sur son chemin.

Cette modélisation du processus du Penser Systémique souhaite à la fois donner une sorte de marche à suivre – qui se fait très rapidement, puis presque naturellement – et montrer l'importance de la connexion et de la coopération des trois sous systèmes qui constituent notre cerveau et qui se sont construits progressivement dans le temps : le reptilien, le plus ancien et qui, à ce titre, capte instantanément toutes les informations à travers notre corps ; le limbique, lié au cœur et aux émotions ; et le néocortex, le petit dernier que j'aime parfois appeler « le petit prétentieux » qui, en développant le mental, s'est coupé de la puissante source d'informations que sont les deux autres. Reconnectons donc la tête, le cœur et le corps !

Penser Systémique, c'est dans un premier temps entrer dans le processus décrit plus haut, mais c'est aussi avoir la connaissance de ce qui se passe et interagit dans le système. C'est prendre en compte un certain nombre de principes et de dynamiques systémiques qui résultent de l'observation du vivant et qui se retrouvent dans tous les systèmes.

Connaître et appliquer ces clés permet de se donner toutes les chances d'évoluer dans un système harmonieux, en particulier dans les situations complexes et de changement.

- Chapitre IV -
Les grands principes

L'Unité, le Sens, l'Interaction, la Complexité, le Changement permanent et continu au cœur du système.

1. Le principe d'unité

Nous avons, à force d'approfondissement et donc de spécialisation, perdu la vision d'ensemble. La réduction a entrainé une dynamique de séparation qui nous a fait perdre un principe fondamental et fondateur : le principe d'Unité. Tout est relié et inter-relié. Nous l'oublions trop facilement ou même n'en avons pas la notion. Rappelons l'un des grands principes relayés par les grandes traditions (Yi King, Kybalion, Taoïsme) : tout système qui n'a pas d'unité est voué – à plus ou moins long terme – à l'échec.

Sur un plan philosophique et religieux, les écritures nous enseignent que nous sommes Un avec l'Univers, qu'il nous faut revenir à l'unité, revenir à ce lien primordial qu'il y a entre le divin et nous. Une vieille légende hindoue raconte qu'il y a bien longtemps les hommes étaient des dieux. Mais ils ont abusé de cette condition, aussi le maitre des dieux, Brahmâ, décida-t-il de leur enlever ce pouvoir et de le cacher là où ils ne le retrouveraient jamais. La terre, les océans et le ciel ont été proposés par les dieux mineurs. Mais Brahmâ était dubitatif, puis il décida « nous cacherons la divinité de l'homme au plus profond de lui-même, car c'est le seul endroit où il ne pensera jamais à chercher ». Depuis ce temps-là, conclut la légende, « l'homme a fait le tour de la terre, exploré, escaladé, plongé, s'est envolé dans le cosmos à la recherche de quelque chose qui se trouve en Lui. »

Sur le plan plus scientifique, la physique quantique nous montre que tout est lié et que nous sommes le résultat de toutes ces interactions qui ont eu lieu depuis le Big Bang. Il y a une parcelle de nous dans tout ce qui vit : Etres humains, animaux, plantes, la Terre, le cosmos, etc. C'est refaire le lien, se reconnecter à la Terre et au Ciel. C'est aussi refaire le lien avec « de là d'où l'on vient » afin d'être pleinement dans notre force de vie. Nous sommes un continuum passé, présent et futur.

Des astrophysiciens célèbres et talentueux comme Trinh Xuan Thuan, Hubert Reeves l'ont merveilleusement décrit, notamment dans *La Mélodie secrète*, *L'Infini dans la paume de la main*, ou encore dans *Le Cosmos et le lotus*, pour l'un ; *Poussières d'étoiles*, *L'Heure de s'enivrer : l'univers a-t-il un sens* ou encore *Je n'aurai pas le temps*, pour l'autre.

Ce principe d'unité est une clé importante au plan systémique. Il nous permet de comprendre que tout est interdépendant et interagissant. Que tout élément entrant ou sortant dans le système a des conséquences sur le tout. Ainsi, toute exclusion d'un système entraîne des intrications dans ce système, c'est même une dynamique systémique fondamentale sur laquelle nous reviendrons.

Le sens d'un système et les valeurs qui en découlent favorisent l'unité. Ce faisant, ils donnent sa cohésion et donc sa force à tout système qui en bénéficie.

2. L'étoile du berger : le Sens

Toutes les clés de lecture systémique présentées au chapitre suivant (Cf. Voir Chapitre V) ont un point commun, une étoile du berger, le sens ! Quelle est mon intention ? Qu'est-ce que je veux ? Quel est l'objectif, le but, la mission ? Ces questions essentielles nous fondent, nous donnent notre colonne vertébrale. Elles habitent et construisent le sens de notre vie, de nos actions. Elles permettent et favorisent l'unité de tout système. Le sens donne au système son axe, son unité et sa force. C'est le moyeu autour duquel tout tourne et qui permet l'avancée.

Il y a eu un premier temps où il était indispensable de ne plus être victime des éléments naturels et même d'arriver à les utiliser. Il a fallu pour ce faire réduire les difficultés, disséquer, analyser pour comprendre les différentes interactions existantes. Puis l'on a reproduit pour progressivement maitriser. Cependant, ce mouvement de séparation et donc de spécialisation indispensable au départ a entrainé de manière générale une perte de la vision d'ensemble et de ce qui liait ces différents systèmes, de ce liant qu'est le sens. La perte de sens devient un non sens et finalement une non vie. S'il a été important de séparer pour mieux comprendre et intégrer les lois de la nature, il est à présent essentiel d'entrer dans un mouvement de réunification. De revenir à l'unité qu'apporte le sens.

Ce sens est tellement fondamental qu'on l'emploie dans différentes acceptions du terme (direction, vision, but, objectif, utilité, finalité, signification...) ; mais au fond elles ont la même racine : l'intention.

Cette intention va donner la direction où l'on veut et doit aller. Ce sens/intention est le postulat de départ autour duquel tous les éléments du système pourront se réunir et à travers lequel ils pourront s'identifier. Il favorisera un sentiment d'appartenance au système. Il est le pilier qui soutiendra le système, le liera et le reliera.

S'il y a perte de sens, il y a la perte du champ, de la vision et progressivement du système lui-même.

Ce sens/intention générera des valeurs qui vont le porter et le consolider. Il donnera la direction à prendre et la stratégie à développer que ce soit au plan personnel comme au plan professionnel. Ceci est d'autant plus important en situation complexe, situation dans laquelle nous nous trouvons de plus en plus. Que ce soit dans le domaine relationnel quel qu'il soit (privé ou en entreprise) ou celui de projets à mettre en œuvre, à développer et même à débloquer lorsqu'ils dysfonctionnent.

Le sens/intention est un guide, une boussole : il va nourrir le sens/direction et sa stratégie de développement. Ce sens/direction renforcé par les valeurs qui le constituent tracera le chemin à prendre et donnera toutes les chances d'arriver au but poursuivi. De plus, il permettra d'entraîner la participation réelle des personnes concernées par le système et favorisera leur implication, leur réactivité et leur sens de l'initiative. Compte tenu de l'imprévisibilité croissante résultant de la complexification dans laquelle nous vivons et par voie de conséquence le fait que l'on ne puisse plus avoir de stratégie et programmer à long terme, il est indispensable d'entrer dans une dynamique participative et donc d'adhésion, dans la dynamique du CO que l'on retrouve comme racine des mots fondateurs et de plus en plus utilisés que sont co-créer, co-développer, collaborer, coopérer, etc.

Ces sens (y compris le sens/intention) ne sont pas – en particulier dans un environnement complexe – immuables. Il est essentiel de savoir les questionner et les adapter au système émergent. Le système émergent est un système qui n'est pas encore là, qui n'est pas le système futur du système concerné, mais le résultat de toutes les interactions qui se développent autour et peut-être même par le système existant. Le système émergent est en préparation à travers tous les systèmes interagissants. Que ce soit sur les plans économiques, politiques, sociaux, environnementaux, nationaux, internationaux, etc. Il peut concerner la vie familiale, la santé, un projet. Ce système va émerger et interagir avec notre système qu'il faudra adapter, questionner, faire évoluer et peut-être même changer. Il est souvent indépendant de nous, mais l'on peut aussi essayer d'avoir de l'influence sur l'un des systèmes en agissant par un vote, une action – même petite. N'oublions pas l'histoire du colibri qui, lors d'un feu de forêt, va lui aussi apporter dans un rapide va et vient des petites gouttes d'eau pour éteindre le feu. Lorsqu'il lui sera fait remarquer que sa contribution est vraiment minime, il répondra « C'est possible, mais j'aurai fait ma part ! ».

3. La dynamique non linéaire de l'interaction et de la complexité

La physique quantique nous a démontré – à travers l'expérience des fentes de Young notamment - que l'observateur influe sur la chose observée et que tout est lié et interagissant, amenant ainsi un vrai bouleversement dans la théorie de la physique classique.

Pour illustrer cette dynamique, passons à une démonstration par étape.

Prenons un système A et un système B que l'on peut représenter ainsi :

$$A \qquad\qquad B$$

S'ils ne se rencontrent pas, il ne se passera rien. Rien ne va bouger. C'est la rencontre qui va entraîner l'interaction, le mouvement. Plus il y a interaction et plus le système se nourrit. Plus le système se ferme, moins il reçoit. Pour qu'un système évolue, il est indispensable qu'il s'ouvre et interagisse, c'est le mouvement de vie ; chaque interaction apportant un élément nouveau à chaque système concerné.

On ne peut plus, de nos jours, ignorer que tout interagit. Ce qui nous met dans notre colonne vertébrale et dans notre responsabilité dans ce qui se déroule autour de nous. Nous ne sommes pas victime mais acteur, participant dans les évènements qui jalonnent notre vie. Nous pouvons même en être le moteur, que ce soit au plan personnel comme au plan professionnel. L'interaction entraîne et crée le mouvement. Plusieurs interactions vont entraîner plusieurs mouvements et dans la mesure où ils sont non linéaires, nous entrons dans le processus de la complexité et donc d'une dynamique circulaire non prédictible.

Si nous reprenons nos systèmes A et B, l'interaction résultant de leur rencontre va entraîner une modification de ce système qu'ils forment à eux deux.

A   (------)   B

Si un troisième système C entre dans le champ à partir de B, par exemple (mais cela peut aussi venir de A), cela va entraîner une nouvelle interaction qui va nourrir B et C, mais aussi rétroagir sur A par B.

A   (-----)   B   (-----)   C

Ajoutons D, puis E et ainsi de suite et nous voici en plein dans la complexité nourrie de toutes ces interactions.

A (-----) B (-----) C (-----) D (-----) E (-----) ...

Notre époque multiplie les interactions du fait de l'ouverture apportée par les moyens de communication qui nous mettent en contact en un temps record avec d'autres personnes, cultures, modes de vie, modes de penser et ceci sur tous les plans, qu'il soit national ou international, privé ou public. Imaginer le résultat de toutes ces interactions peut donner le tournis. Ce d'autant plus que plus il y a d'interactions, plus il y a de complexité et donc de complexification (amplification de la complexité) et par conséquent d'imprévisibilité. Dans la mesure où tout interagit de plus en plus et de plus en plus vite, il devient particulièrement difficile et parfois impossible de faire des prévisions. Les plans à long terme ne sont depuis longtemps plus de mise.

Alors comment, dans ces conditions, peut-on être responsable ? N'est-on pas naturellement balayé par des évènements, des systèmes qui nous dépassent ? Au contraire, c'est justement à ce moment-là qu'il est fondamental de revenir à cette étoile du berger qu'est le sens et de connaître les grands principes qui se meuvent dans les systèmes : d'entrer dans un mode de Penser Systémique. En effet, cette complexité croissante demande d'être au clair sur le sens de l'action entreprise et au vu des évènements - donc de ce qui interagit – de le questionner afin soit de l'adapter soit de garder la ligne voulue avec conscience et fermeté.

4. La conscience du changement permanent et continu

Du fait de la multiplicité des systèmes en interaction, tout devient de plus en plus nuancé, plus complexe, développant ainsi une dynamique de complexification ainsi que le décrit si bien Dominique Génelot dans son livre *Manager dans la complexité : réflexions à l'usage des dirigeants* : « De même que l'évolution du vivant n'a cessé d'aller depuis des milliards d'années dans le sens de la complexification, de même l'organisation des sociétés humaines évolue en permanence vers plus de complexité ».

On peut ajouter vers plus de changement, ce dernier allant de plus en plus vite dans un processus d'accélération.

Le changement est en fait permanent et continu et en plus, il s'accélère de manière exponentielle. Michel Saloff-Coste dans son livre *Le Management du troisième millénaire* nous le démontre à travers sa grille de l'évolution. Il y analyse l'évolution de l'Etre humain à travers le temps en s'appuyant notamment sur son activité dominante, les différents outils utilisés, l'organisation mise en place et la communication. Donc à travers les diverses interactions qui ont eu lieu. C'est ainsi qu'il met en évidence que l'Etre humain a été chasseur-cueilleur pendant trois millions d'années, puis agriculteur-éleveur pendant trente mille ans, et qu'il a développé l'industrie-commerce il y a trois cents ans. Nous sommes actuellement à l'ère de la création-communication. La question qui se pose est celle de savoir combien d'années encore vont s'écouler avant qu'une nouvelle activité dominante se développe ? Voir la grille de l'évolution ©Michel Saloff-Coste (Cf. p.82)

La nature humaine fait que l'on résiste en général au changement, car il est synonyme d'inconnu et donc d'incertitude et d'imprévisibilité. Cependant, cette dernière fait partie du mouvement de vie et, à ce titre, ne peut être évitée.

Penser, Voir et Agir Systémique

Activité	Outils	Pouvoir	Échange	Réflexion	Communication	Organisation	Histoire
Chasse Cueillette 3 000 000 d'années	Ongles Dents	Osmose avec la nature	Troc	Intuitive Animisme	Orale Bouche à oreille	Mythe Tribu	Pré-Histoire Temps circulaire
Agriculture Elevage 30 000 ans	Bras Jambes	Possession de Territoire	Monnaie Métallique	Analogique Monothéisme	Ecrite Manuscrite	Monarchie Royaume	Histoire sacrée / Temps linéaire
Industrie Commerce 300 ans	Sens Viscères	Disponibilité de Capitaux	Monnaie Papier	Rationnelle Scientisme	Audio-visuelle Mass-Media	Démocratie Etat	Histoire profane / Temps homogène
Création Communication ?	Cerveau Nerfs	Maîtrise de l'information	Troc Informatique	Holistique Spirituel	Interactive Informatique	Sensibilité Réseaux	Post-Histoire Temps fragmenté

Grille de l'évolution ©Michel Saloff-Coste

- Chapitre V -
Dix clés de lecture systémique

Ces principes qui caractérisent les systèmes ainsi que les dynamiques qui interagissent à l'intérieur sont synthétisés dans ce que l'on peut appeler des clés de lecture systémiques. J'en ai développé essentiellement dix. Les comprendre et les appliquer apportera autant de clés qui favoriseront la mise en place d'un système harmonieux ; faciliteront le rééquilibrage d'un dysfonctionnement ; rendront attentif au regard que l'on porte sur... ; permettront d'aborder plus aisément le changement – qu'il soit personnel ou professionnel – et préciseront les étapes de la résolution d'un problème.

Ces clés sont des outils, des lunettes, pour mieux comprendre ce qui se passe à l'intérieur d'un système ou dans l'interaction entre deux ou plusieurs systèmes. Lorsque l'on ne comprend pas ce qui se passe, on est dans l'inconnu et finalement dans la peur. On entre dans un processus de blocage du mouvement et, par conséquent, de blocage de la compréhension et donc de la possible évolution du système. C'est particulièrement observable en situation de changement. Le changement est un mouvement permanent dans lequel il est fondamental d'entrer, d'accompagner plutôt que de s'y opposer.

Le phénomène hydrographique, appelé la barre, qui caractérise les côtes de l'Afrique occidentale est intéressant pour illustrer le processus. Cette barre peut se traduire par une vague de plusieurs mètres de hauteur et être particulièrement dangereuse. Si l'on est pris dans le rouleau de cette barre et qu'on lutte pour revenir à la surface et donc qu'on lutte contre, on risque fort d'y laisser ses forces et de se noyer. En revanche, si on se laisse prendre dans le mouvement du rouleau et que l'on entre directement dans la barre, on entre dans le rouleau lui-même et on est amené naturellement au sommet de la barre et projeté en avant. L'on a alors toutes les chances de s'en sortir.

Entrons donc dans le mouvement de vie !

1. Le regard créateur

L'un des premiers outils que nous avons en notre possession est notre regard. Le regard que l'on porte sur… Ce regard est d'une grande puissance. Il est créateur. Nous allons créer une réalité à partir de la manière dont nous percevons une relation, un événement. Voir le verre à moitié vide ou à moitié plein alors qu'il est en fait simplement rempli à moitié. Paul Watzlawick a modélisé cette interaction/ce phénomène en distinguant deux types de réalités : les réalités de premier ordre et les réalités de deuxième ordre.

Les réalités de premier ordre sont les faits : le verre rempli à moitié ; une salle remplie de 20 personnes, une relation qui s'est interrompue. Les réalités de deuxième ordre sont ce verre à moitié vide ou à moitié plein, cette salle à l'atmosphère étouffante ou chaleureuse, cette relation terminée qui est un vrai désastre ou une opportunité… C'est toute notre marge d'interprétation sur laquelle nous pouvons influer. Nous ne pouvons pas agir sur les faits ; en revanche, notre marge de manœuvre, notre force d'action se trouvent dans ces réalités de deuxième ordre grâce au regard que nous allons porter sur la situation. Ce regard est nourri de notre éducation, notre culture, nos apriori, notre expérience et aussi notre mode de penser.

Il est donc essentiel d'être conscient de l'importance de ce regard créateur et d'être attentif à ce qu'il crée en nous et autour de nous.

La Roue des regards

Le regard créateur peut être synthétisé dans une roue :
la Roue des regards.

Esther Jouhet-Bordoni ©2014-2019

Lorsqu'on se trouve dans une situation - notamment relationnelle – difficile, il est essentiel de se poser deux questions : « Quel est le regard que je porte sur…? » Et « Quel est le sens de la situation, de la relation ? Quel est mon objectif ? ».

Selon le regard que l'on porte sur soi, l'on sera plus ou moins sûr de soi et de ses capacités. Notre attitude sera de plus imprégnée par le regard que l'on porte sur l'autre et par le regard que l'on pense que l'autre a sur nous… Ce dernier va sentir ce regard et en être influencé tout comme il l'est par son propre regard sur lui et sur la situation… Cela fonctionne telle une roue qui tourne et qui peut être bloquée à partir de chaque regard.

Nous avons en nous toutes les facettes de l'Être humain et en fonction de ce que nous projetons, nous allons actionner telle ou telle facette chez nous comme chez l'autre. Tout interagit.

Selon notre objectif/le sens de la relation, il est fondamental d'être attentif au regard que l'on porte et de changer - si besoin est - ce regard car en le changeant, l'on se donne de fortes chances de changer la situation.

« *Si tu ne peux pas changer les choses, change ton regard sur les choses !* »
- Lao Tseu

Questions à se poser :
• Quel est le regard que je porte sur moi ? Est-il aidant ou jugeant ?
• Le regard que je porte sur l'autre est-il ouvert ou fermé ? Est-ce

que je lui donne une chance d'être autre que ce que je pense qu'il est ?
- L'autre n'est-il pas dans un regard dépréciatif sur lui-même ?
- L'autre porte-t-il réellement un regard jugeant sur moi ?
- Quel est le regard que je porte sur la situation ? Est-ce que je pense déjà que c'est impossible ? Que pense l'autre ?
- Suis-je vraiment dans l'ouverture et l'interaction ?

2. Le paradoxe du non être

Autre application essentielle du regard créateur : le paradoxe du Non Être. Selon le principe d'Unité, un système est un tout. Il comprend au moins deux sous systèmes : ce qui est, existe dans le système, mais aussi ce qui n'est pas - du moins visible - dans le système. Ce dernier sous système est constitué de toutes nos attentes, aspirations vis-à-vis du futur, regrets vis-à-vis du passé, frustrations du présent. Tout ceci compose le non être. Selon le regard que l'on portera sur la situation que l'on vit, ce qui n'existe pas - et donc ce qui n'est pas - pourra influer sur ce qui est, prendre de plus en plus d'importance jusqu'à diminuer, voire effacer ce qui est. Cela n'existe pas et paradoxalement cela devient plus important que ce qui est !

C'est notamment le cas dans le cadre d'une relation - professionnelle ou privée. Le début de la relation répondra aux besoins du moment et nourrira les espoirs de départ. On verra tout ce qui est et qui a fait que l'on est entré dans la relation ; c'est la période de grâce puis progressivement le temps passant, on risque de s'habituer à ce qui est, de le trouver normal et de commencer à regarder et peut-être même de focaliser sur ce qui n'est pas dans le système et qui semblait de peu d'importance au départ. Le manque va apparaître, car toutes les attentes ne peuvent être satisfaites. Ce qui n'est pas, ce non être, va prendre de plus en plus de place et entraîner une frustration qui peut faire oublier tout ce qui existe, ce qui a été et a entraîné la création du système qu'est cette relation.

Ce paradoxe trouve ses racines dans le constat que tout système est constitué de ce qui est et aussi de ce qui n'est pas ! De ce qui se voit et de ce qui ne se voit pas.

Bien souvent – et c'est là tout le paradoxe – ce qui n'est pas prend plus d'importance que ce qui est et peut même le faire disparaître ! Cela s'applique dans tout système relationnel tant au plan privé (couple, amitié...) que professionnel.

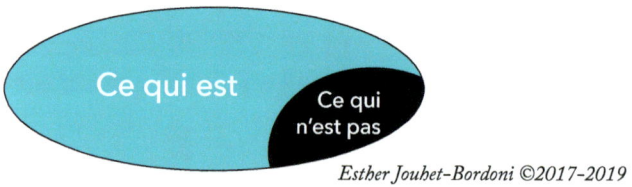

Esther Jouhet-Bordoni ©2017-2019

L'observation nous permet de voir que ce paradoxe peut entraîner l'ouverture d'un des trois champs suivants :

a) **LE CHAMPS DE LA FRUSTRATION**

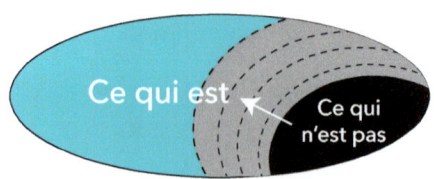

Esther Jouhet-Bordoni ©2017-2019

Dans le champ de la Frustration, ce qui n'est pas va progressivement prendre le pas sur ce qui est. Ce qui fait que ce qui est s'estompe de plus en plus et que ce qui n'est pas prend de plus en plus de place.

Dans ce cas de figure, il est essentiel d'être conscient de ce qui se passe dans le système et d'être au clair sur son intention. La question fondamentale à se poser est : « Qu'est-ce que je veux ? ».

À partir de ce moment, trois possibilités se présentent à nous – la troisième étant un passage obligé :

1.   On voit à nouveau ce qui est, on reste dans le système et l'on interagit de manière constructive ;

2.   On constate que l'on n'est réellement pas/plus satisfait de ce qui est et on explore le champ des Possibles ;

3.   Dans les deux cas (champ de la Frustration ou champ des Possibles), il est fondamental de savoir entrer dans le champ de Reconnaissance et de voir la fonction utile de ce qui existe, de ce qui a été ou pas.

b)   Le champs des possibles

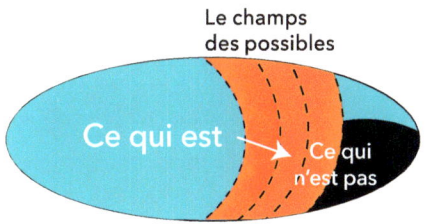

Esther Jouhet-Bordoni ©2017-2019

Le champ des Possibles demande à être exploré lorsque ce qui est ne correspond pas, ou ne correspond plus à nos attentes.

Pour ce faire, il est essentiel de quitter - si l'on y est entré - le champ de la Frustration afin de pouvoir s'ouvrir à ce nouveau champ et en percevoir toutes les facettes et possibilités. Ce qui n'est pas va s'agrandir d'autant et s'enrichir de ce regard constructif. Le champ des Possibles sera d'autant plus vaste et fructueux si l'on a su voir la fonction utile de ce qui a été, l'accepter et dire MERCI.

c) LE CHAMPS DE LA RECONNAISSANCE

Esther Jouhet-Bordoni ©2017-2019

Il est fondamental d'ouvrir ce champ même si ce qui existe ou a existé ne correspond pas ou n'a pas correspondu à nos attentes.
Il en est de même lorsque tout va bien. Gratitude pour ce que l'on a et aussi pour ce que l'on a évité.
La clé qui libère est la prise de conscience du champ que l'on nourrit. Posons-nous cette simple question : « Quel est le champ que je nourris ? » celui de la Frustration ? celui des Possibles ? celui de la Reconnaissance ? Ces différents champs sont interagissants et complémentaires. Sachons être le plus souvent possible dans celui de la Reconnaissance !

De manière générale, il est essentiel d'être attentif à ce paradoxe du non être lorsque nous nous trouvons en situation d'insatisfaction.

Nos attentes ne sont-elles pas en train de prendre toute la place et d'éliminer ce qui est ? Quel est le regard que nous portons sur.... ?

QUESTIONS À SE POSER :
- Suis-je dans le paradoxe du non être ?
- Quelles ont été mes attentes de départ ?
- Mes attentes ont-elles évolué et estompent-elles ce qui est ?
- Suis-je en train de focaliser sur un manque et je ne vois pas ce qui est peut-être ailleurs et à ma portée ?
- Quel est le sens ? Qu'est-ce que je veux ?
- Ce qui est me convient-il encore ?

Cette démarche et ce questionnement favoriseront une prise de décision adéquate : soit l'on reste dans le système que constitue cette relation en se rendant compte que l'on avait négligé, sous-estimé, que l'on ne voyait plus ce qui est ; soit l'on a pris conscience de l'évolution de nos attentes et quittons le système en n'oubliant pas ce qui a été et pour lequel on peut être dans la gratitude. La gratitude, le merci pour est une clé fondamentale, car elle libère le système et permet d'entrer dans un nouveau système sans emporter avec soi les regrets, les frustrations de l'ancien système.

Soyons donc vigilants au regard porté sur... et à ne pas laisser diminuer, voire remplacer *Ce qui est* par *Ce qui n'est pas*. C'est de notre responsabilité et dans notre pouvoir selon le but, l'objectif, le sens de la relation.

Cependant, *Ce qui n'est pas*, ce Non Être peut aussi - a contrario et là encore paradoxalement - être porteur d'espoir et rempli du potentiel à venir. Une fois de plus, c'est le regard porté qui va donner toute sa force au système. C'est ainsi que *Ce qui n'est pas* peut être vu comme le champ des Possibles, de tout ce que nous pouvons encore accomplir… notre marge de progression et d'évolution. *Ce qui n'est pas* ne représente plus, n'est plus chargé de tout ce que l'on n'a pas eu ou reçu, mais bien au contraire représente tout ce qui va pouvoir être. Pour cela, il est essentiel d'être au clair sur ce que l'on veut, sur le sens et savoir oser ! Ne pas avoir peur et oser quitter un système qui ne répond plus à nos attentes, à notre évolution pour aller vers un système qui répondra mieux à nos aspirations. Il est important à ce moment-là de considérer *Ce qui est* avec respect et gratitude pour ce qu'il nous a donné et de le remercier pour tout ce que l'on a reçu.

Il y a en principe toujours un MERCI que l'on peut donner à une situation, un système existant. Il est fondamental de chercher et de trouver ce ou ces mercis afin de partir du système en étant enrichi de tout ce qu'il nous a apporté. Ne serait-ce que de nous avoir donné l'impulsion pour aller au système suivant ! Cela favorise l'acceptation de ce qui a été, aide à déposer un fardeau et permet de ne pas l'emmener dans le prochain système (cf. la Roue de la résolution Chapitre V chiffre 10).

Les questions les plus impérieuses à se poser dans ce cas de figure sont :
• De quoi nourrissons-nous notre système ?

• Acceptons-nous ce qui est ou nous accrochons-nous à ce qui n'a pas été et le portons-nous à jamais ? Chantal Rialland l'exprime très bien : « On ne va pas souffrir toute notre vie d'avoir souffert ».
• Voyons-nous ce non être comme un potentiel à venir et entrons-nous dans l'ouverture et dans la richesse de ce que cela peut nous apporter ou le réduisons-nous à nos frustrations et ce faisant, entrons-nous dans la fermeture et donc dans l'appauvrissement du futur système ?

Conscient de notre regard créateur, de l'importance de notre propre interaction sur nous-même et sur la ou les situations, abordons l'une des clés phares pour tendre vers un système harmonieux : le Triangle AOC.

3. Le Triangle AOC pour tendre vers un système harmonieux

Pour qu'un système fonctionne harmonieusement, les ingrédients sont essentiellement au nombre de quatre : le premier est un véritable diamant multifacette auquel je reviens sans cesse : le Sens ! Les trois autres ingrédients ont été mis en avant par Matthias Varga von Kibed et Insa Sparrer - grâce à leur analyse des textes anciens - en tant que piliers de base de tout système. Ces trois piliers fondamentaux sont l'Amour, l'Ordre et la Connaissance (AOC).

Les mots Sens, Amour, Ordre et Connaissance sont des mots génériques. De ce fait, ils se déclinent selon le système concerné et le contexte.

a) LE SENS

C'est ainsi que le Sens peut être décliné en mission, but, objectif, intention... il est cette fameuse étoile du berger qui montre le chemin ou qui permet de le retrouver.

b) L'AMOUR

L'Amour est à la racine de la confiance, de la bienveillance, de l'écoute, du respect, de l'empathie... Il favorise l'indispensable interaction, le lien qui permet la création, la construction et l'évolution de tout système.

c) L'ORDRE

L'Ordre désigne le contenant, la structure, le cadre, les règles de fonctionnement, l'organigramme, les lois. Il donne leur place aux éléments constitutifs du système ainsi que le mode de fonctionnement.

d) LA CONNAISSANCE

Le mot Connaissance est riche de tout ce qui représente le savoir, le savoir être et le savoir faire. Il touche au domaine des compétences, mais aussi à celui de la connaissance des règles données par l'Ordre.

La connaissance de ces quatre piliers d'un système harmonieux est particulièrement utile lors du démarrage de tout système, que ce soit au plan privé comme professionnel. Prenons l'exemple d'un projet. Pour lui donner toutes les chances de réussite, il est indispensable d'être au clair sur le sens de ce projet. Quelle est l'intention qui le porte ? Le sens et les valeurs qui le soutiennent ? Quel est son ou même ses buts ? Et si plusieurs personnes sont concernées, le sens, les buts, les valeurs sont-ils clairs et partagés par toutes les parties prenantes au projet ? Une fois cela éclairci et posé, l'on est à même, dans un deuxième temps, d'élaborer la structure et le mode de fonctionnement de ce projet. L'on construit ainsi le cadre, le contenant permettant d'accueillir et de développer les connaissances et compétences qui feront fonctionner et vivre le projet. Enfin, de manière tout aussi importante et équivalente, il est essentiel de prendre en compte le pilier de l'Amour qui nourrit la confiance, la bienveillance, le respect, l'écoute, autant d'éléments qui font partie des fondamentaux favorisant l'interaction, la co-construction, la fluidité et une réelle dynamique de développement.

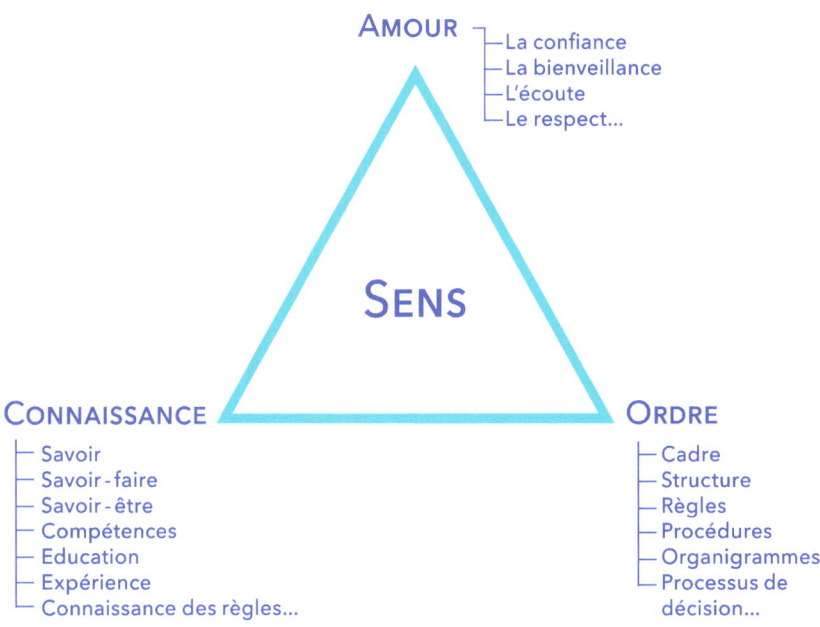

Esther Jouhet-Bordoni ©2014-2019

Ces quatre piliers, ingrédients d'un système harmonieux, peuvent être représentés dans un triangle équilatéral. Ce schéma constitue un outil très efficace pour essayer de comprendre ce qui se passe dans une situation, un système qui dysfonctionne. Il nous permet de voir quel ingrédient manque dans le système, lequel est trop prépondérant, pas assez présent ; celui qu'il faut rééquilibrer afin que le système fonctionne de manière harmonieuse et réponde au sens du système.

Le Sens est au centre et les trois autres : Amour, Ordre et Connaissance sont à chaque angle du triangle – qui a ses trois côtés égaux - afin d'indiquer qu'il est indispensable pour le bon fonctionnement du système qu'il y ait autant d'Amour, d'Ordre que de Connaissance. Si l'on note chaque côté du triangle de un à dix points, nous pouvons dire que nous avons à notre disposition trente points que l'on peut utiliser n'importe comment. L'idéal est d'avoir dix points pour l'Amour, dix points pour l'Ordre et dix points pour la Connaissance. Ce qui veut dire que chacun de ces trois éléments ne peut dépasser le côté qui lui est alloué, faute de quoi il prendra et réduira la part d'un des deux autres éléments. C'est ainsi - en reprenant l'exemple du démarrage d'un projet – qu'il faut être attentif à ce que la part de l'amitié, la confiance ne fasse pas oublier la nécessité de l'Ordre et de la Connaissance dans le système. Autre exemple particulièrement parlant : on peut donner tout l'Amour du monde à un enfant ; si on ne lui donne pas à la fois une structure, un cadre et une éducation, il ne sera pas préparé pour la vie et s'en sortira difficilement. Il lui faudra à la fois trouver un sens à sa vie et acquérir les deux autres éléments : Ordre et Connaissance. En revanche, ce qui est certain c'est que l'Amour qu'il aura reçu sera un bon moteur pour y arriver.

Exemples de questions à se poser lors de l'utilisation de ce triangle :

Vis-à-vis d'une équipe :
• Quel est le sens, la mission, le but de l'équipe ? (Sens)
• Ce sens et les valeurs qui le soutiennent sont-ils partagés par les membres de l'équipe ? (Sens)
• L'organisation et les règles de fonctionnement sont-elles posées ? (Ordre)
• Les règles de fonctionnement et les places de chacun(e) sont-elles claires et connues ? (Connaissance)
• A-t-on toutes les compétences nécessaires ? (Connaissance)
• Où en est-on au niveau de la confiance, du respect, de la bienveillance, de l'écoute au niveau de l'équipe ? (Amour)

Vis-à-vis d'un projet :
• Le sens, l'objectif du projet sont-ils suffisamment clairs ? Encore adaptés ? Le contexte a t-il évolué et devons-nous re-questionner le sens ? (Sens)
• Avons-nous ce qu'il faut au niveau des processus, échéanciers, etc... ? (Ordre)
• Cet ordre est-il connu ? (Connaissance)
• Avons-nous toutes les compétences pour y arriver ? (Connaissance)
• Où en est-on dans la confiance vis-à-vis des partenaires, des co-équipiers, du projet ? (Amour)

4. LES TROIS GRANDES DYNAMIQUES SYSTÉMIQUES QUI INTERAGISSENT DANS LE SYSTÈME

Penser Systémique, c'est non seulement prendre en compte tous les éléments constitutifs d'un système (sous-systèmes, systèmes englobants), c'est aussi et surtout être à l'écoute des relations, des interactions qui se créent entre ces différents éléments, de ce qui est sous-jacent dans le système.

L'observation des systèmes en général, et plus particulièrement de ce qui se passe lors des Représentations Systémiques, a permis de détecter un certain nombre de dynamiques qui sont à la base du bon fonctionnement d'un système.

Ces principes systémiques (que l'on retrouve sous diverses appellations telles que cinq principes d'ordre, méta-principes, valeurs fondamentales, etc.) peuvent être réunis en trois grandes dynamiques de base qui ont été particulièrement mises en avant, en premier lieu par Bert Hellinger :
• L'appartenance au système ;
• La place dans le système ;
• L'équilibre entre le donner et le recevoir.

Ces trois grandes dynamiques interagissent. Les connaître, c'est disposer d'une grille de lecture précieuse pour anticiper ou résoudre des dysfonctionnements, car lorsque ces principes - ou ne serait-ce que l'un d'entre eux - ne sont pas respectés, cela crée des perturbations dans le système.

Dix clés de lecture systémique

Rappelons que ces principes – et toutes ces grilles de lecture - s'appliquent à tous les niveaux et pour tous les systèmes : des personnes, des entreprises ou même des pays.

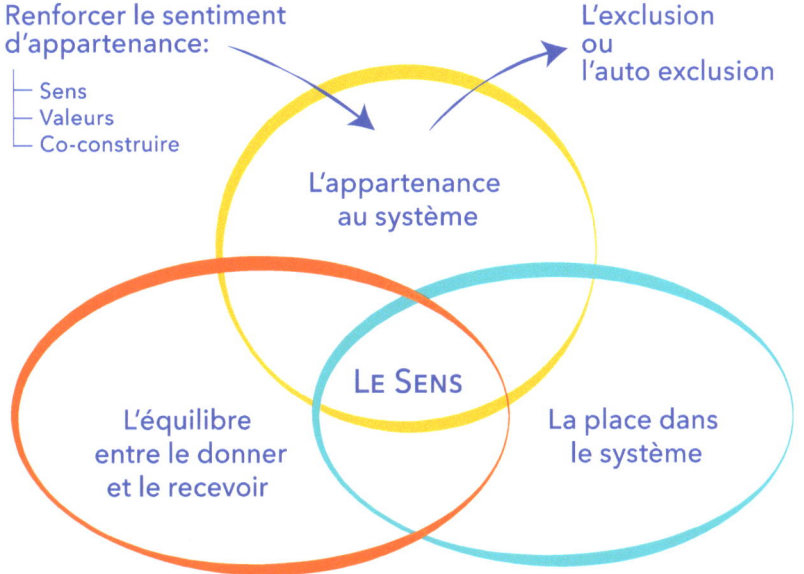

Esther Jouhet-Bordoni ©2014-2019

a) L'APPARTENANCE AU SYSTÈME

La dynamique de l'appartenance est le résultat d'un grand principe systémique : chaque membre d'un système a le droit entier de faire partie de ce système et toute exclusion ou auto-exclusion, donc perte de cette appartenance, entraîne des perturbations dans le système. Comment devient-on membre d'un système ? Cela dépend du système. Ainsi, dans le cadre du système familial, on en est membre par le simple fait de notre naissance. Non seulement tout au long de notre vie, mais aussi avant même notre naissance et après notre mort. C'est le seul système que l'on ne peut pas quitter. Par ailleurs, toute exclusion ou auto-exclusion va entraîner des troubles plus ou moins importants dans le système. Cela ne veut pas dire que l'on ne peut pas prendre de la distance lorsque c'est indispensable pour préserver son propre système. Cependant, prendre de la distance n'implique pas de s'exclure. Il s'agira à un moment donné de savoir revenir dans la dynamique de son système familial et, sans mettre son propre système en danger, de prendre conscience de ses racines et de les honorer. C'est toute la force de la psychogénéalogie et des Constellations familiales quand elles sont bien faites.

Dans le cadre d'une entreprise, la qualité de membre s'acquiert par la signature du contrat. Ce dernier fixe généralement la durée d'appartenance à l'entreprise – contrat à durée déterminée ou indéterminée. Le contrat génère le même droit d'appartenance au système qu'est l'entreprise et ceci pour tous les membres, quelle que soit leur fonction, qu'ils soient réceptionniste ou directeur général et ceci jusqu'à ce que la personne quitte l'entreprise.

Dans le cadre d'une association, l'appartenance est liée au paiement de la cotisation et, selon les associations, à la participation à l'activité générée par elle.

Si l'on participe bénévolement à une action, c'est la durée de cette participation qui compte. Cette participation, comme distribuer de la nourriture par exemple, donne la qualité de membre au moment même où l'on agit dans ce système. Si l'on prend la part que l'on est censé distribuer, l'on contrevient aux règles non inscrites, d'éthique, du sens, des valeurs de ce système et on va nous demander de partir, car on est en train de prendre la part des autres !

Au niveau d'un pays, la qualité de citoyen de ce pays nous donne la qualité de membre de ce système et tous les droits inhérents. Les différents règlements et lois qui gèrent le pays déterminent ce qui peut nous faire perdre cette qualité. Plus on se sentira membre de ce système et plus on s'impliquera et l'on s'identifiera à lui. C'est ainsi qu'on a compris il y a longtemps qu'il était essentiel de développer un sentiment patriotique (patrie signifie étymologiquement le pays de nos pères) pour favoriser l'engagement des personnes pour leur pays. En revanche, l'Etat est beaucoup plus neutre puisqu'il signifie l'organisation politique et juridique d'un pays et n'entraîne pas le même sentiment identitaire.

Les membres fondateurs d'un système ainsi que les personnes ayant eu une contribution essentielle pour la survie de ce dernier occupent une place particulière. Ils font partie de l'histoire, du patrimoine de ce système. De ce fait, ils acquièrent la qualité de membre à vie. Les ignorer ou les exclure peut amener d'importants déséquilibres dans le système. Citons l'exemple de Gottlieb Duttweiller, fondateur de la grande coopérative suisse Migros, décédé en 1968, et qui imprègne encore aujourd'hui les valeurs et le fonctionnement de cette entreprise florissante.

De manière générale, tout système obéit à un ordre qui s'exprime à travers une organisation et des règles de fonctionnement. Ces règles doivent être précisées et connues, en particulier celles dont le non respect entraîne une sortie du système. S'il y a exclusion du système, cela entraîne d'importantes perturbations dans le système. Quitter le système est différent que d'en être exclu ou de s'en exclure. Quitter un système est un processus naturel. On est arrivé à la fin d'un système auquel on participait, soit parce que la durée de participation est parvenue à expiration, soit parce que l'on a contrevenu aux règles du système. On n'est plus membre de ce système et l'on va entrer dans un nouveau système quel qu'il soit. C'est ce passage au nouveau système qui est fondamental, car il s'agit de ne pas emmener avec soi des choses non résolues comme des frustrations, des regrets, des rancœurs qui vont polluer le système. Il est essentiel de voir ce que le système que l'on quitte nous a apporté, le merci que l'on peut lui dire (cf. la Roue de la résolution Chapitre V chiffre 10).

Retenons qu'il est fondamental pour tous les systèmes – l'actuel, le précédent et le nouveau - d'arriver à quitter le système dans lequel on est et non pas de s'exclure. Lorsqu'une personne est dans une période de changement professionnel, le meilleur conseil à lui donner est d'être attentive à ne pas rejeter l'ancien système ou celui qu'elle s'apprête à quitter en gardant ou cultivant tous les ressentiments sur ce qui n'a pas été ; mais qu'il est essentiel d'arriver à porter un regard reconnaissant sur ce qui a été reçu – ne serait-ce que le salaire même trop bas, ou l'expérience effectuée – faute de quoi elle ne le quitte pas réellement et risque d'être toujours tirée en arrière.

L'exclusion peut revêtir différentes formes et ne concerne pas seulement la sortie du système. C'est le cas de tout ce qui concerne les mises à l'écart, les informations non communiquées, la non reconnaissance des apports, le harcèlement ou mobbing. Cela s'applique également à l'auto-exclusion qui entraîne un mouvement de fermeture. L'indifférence est le début de l'exclusion et comme tout interagit, l'indifférence va interagir sur les autres et dans la relation avec les autres. Lorsqu'il y a exclusion ou auto-exclusion, cela crée des intrications dans le système et peut entraîner des perturbations importantes.

Être exclu ou s'exclure de sa famille a toujours des conséquences non négligeables, souvent difficiles à surmonter. Sortir d'une entreprise en claquant la porte sans avoir réglé ce qu'il y avait à régler fait que l'on portera toujours ce fardeau avec soi et qu'au fond, on n'aura jamais réellement quitté le système. Licencier une personne sans justes motifs ou sans avoir clairement expliqué pourquoi va entraîner la création de loyautés ouvertes ou même inconscientes vis-à-vis de la personne licenciée, que ce soit un ancien dirigeant ou un ancien collègue, empêchant certains collaborateurs de s'ouvrir et même de travailler avec le nouveau dirigeant.

On peut aller très loin en comprenant cette dynamique de l'appartenance générée par ce droit d'appartenance, qui peut entraîner deux mouvements contraires aussi forts l'un que l'autre. En effet, elle peut soit déstabiliser un système, soit le renforcer. Il est donc fondamental d'y être attentif. Ainsi, une situation d'exclusion et d'auto-exclusion va entraîner un déséquilibre dans le système ; en revanche, si l'on travaille sur le sentiment d'appartenance au système, on le renforcera.

Cette dynamique a notamment poussé des entreprises à instaurer les journées d'accueil au cours desquelles on présente aux nouveaux collaborateurs la vision, la mission, les valeurs de l'entreprise et les règles de fonctionnement. Cependant, ce n'est pas suffisant. On pourrait aller beaucoup plus loin sans que cela coûte plus. Ceci en favorisant, en particulier, une participation à la résolution de problèmes ou même en osant aller jusqu'à la co construction du fonctionnement.

QUESTIONS À SE POSER ET À POSER POUR ÉVALUER SI LES PROBLÈMES SONT LIÉS AU DROIT D'APPARTENANCE :

À TITRE PERSONNEL :
- Est-ce que je m'exclus du système ou est-ce que je le quitte sereinement ?
- Qu'est-ce qui n'est pas réglé, que je n'accepte pas ?
- Quel est le merci que je peux dire au système ?

PAR RAPPORT À UN GROUPE :
- Qui ou quoi a été exclu ou s'est exclu du système ?
- Quel système a été ignoré, pas respecté ?
- Qui ou quoi n'a pas été reconnu, a été ignoré ?

b) LA PLACE DANS LE SYSTÈME

Tout système a un ordre qui le structure, lui donne sa solidité et lui permet de fonctionner. Cet ordre va déterminer la place de chaque membre du système, ceci dans le temps et dans l'espace.

Au plan familial, les parents précèdent les enfants et l'aîné est né avant le second. Cet ordre entraîne des conséquences et donc des dynamiques. Si l'enfant protège sa mère ou son père, cela n'est pas dans l'ordre des choses et du système. Ce n'est pas la place de l'enfant et donc pas son rôle et cela déséquilibre le système. La prise en charge de parents âgés par des enfants adultes est un autre cas de figure. On entre dans la dynamique de l'équilibre entre le donner et le recevoir et bien plus dans celle de l'amour. De même, lorsqu'un cadet gère ou s'occupe de son aîné dont il se sent responsable, ce n'est pas la bonne place et les parents qui confient spontanément ce rôle au cadet devraient être attentifs aux conséquences que cela peut entraîner. Cela ne veut pas dire qu'il ne faille pas le faire surtout à l'âge adulte, car il y a des cas où c'est indispensable ; en revanche, il est important de se rendre compte que ce n'est pas dans l'ordre des choses, mais qu'on le fait par amour. Cela allège le système et donne de la grandeur à la personne qui le fait au lieu de lui peser.

Pour l'entreprise, la place est donnée par les organigrammes, les cahiers des charges et l'ancienneté dans la fonction. Cela permet à chacun de savoir quelle place il occupe dans le système et que celle-ci soit reconnue par les autres. Si l'on ne sait pas quelle est sa place, qu'on ne nous la donne pas ou si l'on ne la prend pas, cela crée des dysfonctionnements dans le système. Si un manager ne prend pas sa place et laisse un autre diriger à sa place – que ce soit l'adjoint(e) ou l'assistant(e), par exemple - cela perturbe sérieusement le système. Ce n'est pas à eux de faire ce travail, mais au manager. De plus, ces derniers risquent non seulement d'avoir des difficultés notamment avec le groupe, mais ils se mettent en danger.

Jan Jacob Stam souligne que lorsque l'on fait un travail à la place d'une autre personne, c'est dangereux, car on ne sait jamais lorsqu'il est fini puisque ce n'est pas notre travail.

On le voit, la question de la place est essentielle et il est fondamental - notamment en entreprise - que ces places, la fonction, le rôle que la personne doit occuper soient clairs afin d'éviter qu'il y ait plusieurs personnes à la même place, des personnes qui ne savent pas ou plus quelle est leur place. C'est le début de la démotivation et de la prise de distance au niveau du sentiment d'appartenance. Dans un tel cas de figure, tout le monde est perdant : l'entreprise qui ne bénéficiera pas des compétences de son collaborateur et ce dernier qui sera dans un réel mal-être.

Une place n'est pas forcément statique, elle peut évoluer avec l'ordre du système qui lui-même doit interagir avec les systèmes émergents (ouverture du marché, nouvelle concurrence, baisse du chiffre d'affaires, etc.). La place obéit aussi au principe de temporalité. L'ancienneté dans le système doit être respectée ; cependant, cela ne signifie pas que l'ancien système a la priorité sur le nouveau. C'est au contraire le nouveau système qui prime sur l'ancien afin d'y mettre toute son énergie pour qu'il naisse et se développe. C'est le cas pour tout nouveau projet, que ce soit un nouveau couple ou une nouvelle entreprise. Néanmoins, la priorité dans le temps de l'ancien système doit être prise en compte et reconnue. Ce dernier fait partie des racines du nouveau système.

L'ordre hiérarchique prime également sur l'ancienneté, mais là encore cette dernière doit être reconnue. Il est donc indispensable non seulement de savoir prendre en compte l'ordre hiérarchique dans les fonctions, mais aussi de savoir respecter la priorité temporelle (l'ancienneté de la personne dans l'entreprise, dans son expertise, etc.). Un chef nouvellement arrivé se situera bien entendu au-dessus de ses collaborateurs du fait de sa fonction, mais il sera bien inspiré de savoir, par exemple, reconnaître (d'une manière ou d'une autre) la connaissance de l'entreprise dont disposent les plus anciens.

Il en est de même concernant la hiérarchie des systèmes : l'intérêt du système englobant primera sur les sous-systèmes lui appartenant. C'est ainsi que les objectifs des départements d'une entreprise devront être dans la droite ligne de la mission/du but de l'entreprise dont ils dépendent.

Questions à se poser et à poser concernant la place dans le système :

À titre personnel :
- Quelle est ma place dans le système ?
- Me donne-t-on ma place ?
- Est-ce que je prends ma place ?
- Est-ce que je ne fais pas plus que ce que ma place demande ?
- Est-ce que j'occupe une place qui n'est pas la mienne ?

Au niveau d'un groupe :
- Y a-t-il un ordre dans le système ?
- Chacun sait-il quelle est sa place ?
- Qui n'est pas à sa place ?
- Qui est à la place de qui ?
- Qui remplit la tâche de qui (qui n'est pas la sienne) ?
- Qui est arrivé avant qui ?

c) L'équilibre entre le donner et le recevoir

La dynamique entraînée par la nécessité dans tout système d'un équilibre entre le donner et le recevoir est tout aussi importante que les deux premières. Cet équilibre est particulièrement complexe à mettre en œuvre. Il demande une attention et une écoute de ce qui se passe dans le système et il est à la base d'une relation réussie.

Prenons l'exemple d'une interaction entre deux personnes : l'une donne et l'autre reçoit. Si la première donne plus que l'autre peut recevoir, l'on va entrer dans un fonctionnement qui va conduire, à plus ou moins long terme, à une rupture de la relation. En parallèle, si celui qui reçoit ne redonne pas à la mesure de ses moyens – pas forcément à l'identique – cela va aussi fausser l'équilibre de la balance et casser la relation. Il y a donc deux dynamiques en marche : celle de la personne qui reçoit et celle de la personne qui donne.

Concernant celle qui reçoit, si elle n'est pas en mesure de redonner non pas - soulignons-le - autant que ce qu'elle a reçu, mais de compenser d'une manière ou d'une autre le don et même si on se trouve en face d'une personne qui veut profiter du système, au bout d'un moment, une sorte de fossé se crée ; ce qui au départ était une relation équilibrée entre deux personnes au même niveau – pas forcément au plan social mais en tant qu'être humain – va se déstabiliser et une certaine inégalité va entrer dans le système.

Ce changement de niveau va progressivement être insoutenable pour la personne qui reçoit – même si elle a voulu profiter du système - car elle ne sera plus, à plus ou moins long terme, dans sa dignité ; elle sera inconfortable, mal à l'aise et cela va polluer la relation jusqu'à la rompre. Nous avons tous des exemples en mémoire où l'on a voulu accompagner, aider un ami, une connaissance, puis de manière à priori tout à fait surprenante, la personne aidée a disparu à un moment donné sans que l'on comprenne pourquoi. Aussi, si l'on tient à une relation, soyons attentifs à cet équilibre.

Concernant la personne qui donne et qui n'attend pas toujours un retour, il y a là aussi une dynamique qui va se mettre en œuvre. Le psychiatre américain, spécialiste de la thérapie contextuelle, Yvan Böszörményi Nagy, souligne qu'il y a en chaque être humain une sorte de livre des comptes inconscient qui se met en route plus ou moins rapidement et cela même chez la personne la plus généreuse au monde. Il y a quelque chose qui - à force de donner et de ne pas recevoir en retour - va s'installer qui est de l'ordre de la frustration, ou en tout cas d'un déséquilibre et qui va là encore ternir la relation. Ce livre des comptes pèse fortement dans cet équilibre et lorsque les comptes sont déséquilibrés, cela entraîne une rupture de la relation.

Cela ne veut pas dire qu'il faut arrêter de donner, mais le conseil est d'être attentif à ce qu'on nourrit lorsque l'on donne. Si je nourris un besoin de donner que j'ai en moi, il n'y a pas de raison de se priver, mais il faut en être conscient, se rendre compte que je nourris quelque chose en moi et que l'autre me permet de le faire (l'équilibre est là). En revanche, je prends le risque que la relation se casse du fait de la personne qui a trop reçu. À moi de faire la balance entre pertes et profits.

Par ailleurs, il faut souligner que les termes de cet équilibre sont mouvants et très nuancés car ils dépendent des personnes concernées. En effet, cet équilibre va au-delà du quantifiable. Il ne s'agit pas de redonner ce qui a été reçu ; c'est bien plus complexe que cela. Bien souvent un merci, une gratitude réelle exprimée, des attentions sur ce qui pourrait faire plaisir à l'autre suffisent à nourrir le système. Mais là encore il y a des limites de part et d'autre, qui dépendent de la nature de chacun. Trouver l'acte de compensation pour celui qui reçoit demande une vraie présence, une authenticité dans la relation. C'est en fait très exigeant, mais aussi très riche car cela demande à aller au-delà de son petit soi.

L'équilibre entre le donner et le recevoir ne s'applique pas seulement aux grandes actions ; cela peut aussi se rapporter à des actes simples comme celui d'offrir l'hospitalité pour la joie de rendre service. S'il est proposé de payer ce service plutôt que d'essayer de trouver une manière de compenser par une attention, cela peut casser la relation des deux côtés. L'un sera déçu de ne pas avoir été compris et l'autre n'aura pas envie de faire l'effort d'attention et de recherche. Payer est parfois plus simple, mais cela ne suffit pas dans le cadre d'une vraie relation.

Dans le contexte de l'entreprise, cet équilibre doit s'exercer non seulement entre cette dernière et ses employés, mais cela se joue également entre l'entreprise et ses clients, l'entreprise et ses fournisseurs, l'entreprise et ses concurrents. En fait, avec tout système avec lequel elle entre en relation.

Dans l'entreprise, cet équilibre entre le donner et le recevoir vis-à-vis de ses collaborateurs – qu'ils soient cadres ou non – s'est longtemps fait à travers le salaire ; le temps de travail a été évalué selon la fonction à occuper et les heures de travail sont payées en conséquence.

Cela ne suffit plus de nos jours où nous sommes dans l'ère de la complexité et donc de l'imprévisibilité. Une ère où motivation, sens de l'initiative, créativité et innovation sont les clés du succès, où il sera demandé aux personnes de l'anticipation, de la réactivité, de savoir prendre la bonne décision au bon moment. Tout cela demande de l'implication qui sera aussi favorisée par cet équilibre entre le donner et le recevoir. Là encore cet équilibre va être complexe, nuancé. Le salaire, les primes, les avantages en nature sont bien évidemment importants, mais ils ne permettent pas toujours d'arriver à un tel résultat. Il devient primordial de savoir, en plus, reconnaître le travail accompli, les efforts et l'investissement personnel consacrés.

Cela peut être par un merci, en reconnaissant directement à la personne ce qu'elle a apporté au système, en lui disant que l'on apprécie ce qui a été fait, en manifestant de l'intérêt pour ce qu'elle fait et tout ceci en étant authentique (sinon cela se sent). Un exemple amusant comme illustration. Un dirigeant m'a dit au cours d'une conférence : « *C'est vrai ce que vous dites, car sachant que la coiffure est importante pour les femmes, chaque jour je faisais attention à ce point auprès de mes secrétaires et je leur faisais compliment sur leur chevelure jusqu'à ce que l'une d'elle me dise arrêtez avec ça, cela devient une rengaine. C'était devenu machinal et calculé, cela s'est senti et n'a pas eu le résultat escompté* ».

Soyons aussi attentifs, lorsqu'un travail demandé à une personne ou à un groupe de personnes n'a pas été utilisé, de leur dire pourquoi. C'est respecter le travail qui a été fait ainsi que les personnes qui l'ont fait et faire pencher la balance dans le sens de l'équilibre. Évitons de ne rien dire, de mettre le tout dans un tiroir et de déclarer tel ce directeur « ces personnes ont été payées pour le travail effectué donc nous ne leur devons rien ». Respecter, c'est aussi avoir le courage de dire « on s'est trompé ». Ce respect est un élément essentiel dans la balance de l'équilibre.

Cet équilibre va au-delà du quantifiable ; il est lié à un comportement, une manière d'être où l'autre, les autres sont importants et considérés en tant que tels et où l'on sait être reconnaissant. Les exemples donnés touchent les personnes, mais ce principe s'applique également d'un système à un autre système donc d'une entreprise vis-à-vis d'une autre entreprise.

Questions à se poser et à poser concernant l'équilibre entre le donner et le recevoir :

À titre personnel :
- Est-ce que je donne trop ?
- Quel est le besoin que je nourris en donnant ?
- Est-ce que je tiens à cette relation ?
- Est-ce qu'on me donne trop ?
- Ai-je exprimé ma reconnaissance ?
- Comment exprimer cette reconnaissance ?

Au niveau d'un groupe :
- Qui a trop donné ?
- Qui n'a pas reçu ? Qui n'a pas assez reçu ? Qui a trop reçu ?
- Qui n'a pas été reconnu ?
- À qui a-t-on trop demandé ?

Ces trois dynamiques : l'appartenance au système, la place dans le système et l'équilibre entre le donner et le recevoir sont déterminantes pour le bon fonctionnement d'un système. Les prendre en compte, c'est se donner toutes les chances d'évoluer harmonieusement au plan personnel, mais aussi au niveau de la gestion d'un groupe, du développement d'un projet, d'une entreprise, d'un pays.

De plus, ces principes interagissent entre eux. C'est un état d'équilibre. Si l'un ne fonctionne pas, cela influence les deux autres. Ainsi, si l'on ne se sent pas appartenir au système, on ne va pas prendre sa place et on aura du mal à donner et à recevoir. Si l'on ne prend pas sa place ou si l'on ne sait pas quelle est sa place, on se sentira rejeté par le système. Si l'on se sent appartenir au système, mais qu'il n'y a pas d'équilibre entre le donner et le recevoir, cela va créer un sentiment de frustration : on est membre du système et cela n'est pas respecté, reconnu et on aura du mal ou pas envie de prendre sa place.

5. La Boucle de l'Intention, du Sens et de l'Enjeu

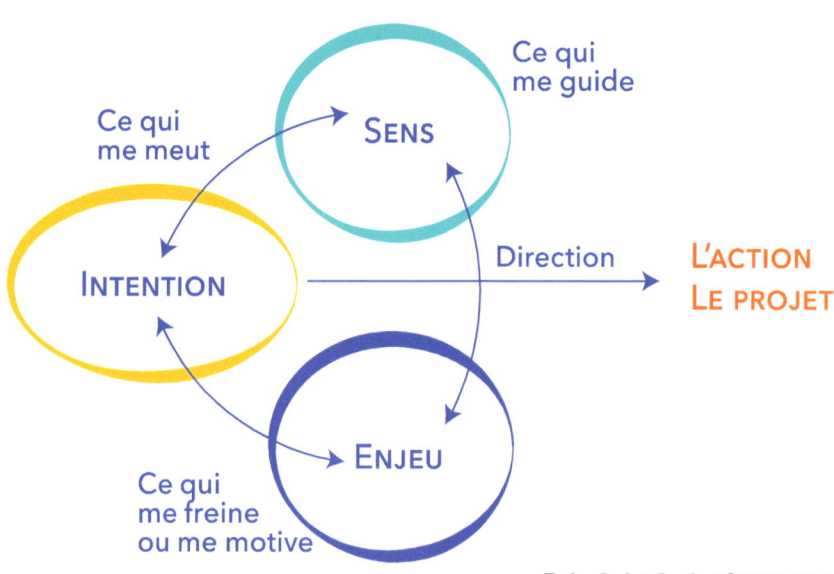

Esther Jouhet-Bordoni ©2018-2019

À la base de toute action, il y a une intention. Cette intention va donner les éléments constitutifs du sens de l'action. Cependant ce sens va être interagissant avec le ou les enjeux. En effet, selon ce qui est « en jeu » - ce que l'on risque de perdre ou de gagner - le sens sera adapté et influencera l'action. Cette boucle est en perpétuel mouvement et demande à être revisitée régulièrement afin d'être au clair sur l'évolution de l'action et de vérifier si l'intention qui l'a fondée est toujours respectée ou même si elle est encore là.

Le terme « action » occupe un champ très vaste et peut se traduire, à titre d'exemple, par la mise en place d'un projet, la création d'un produit, le développement d'une entreprise, etc., mais peut aussi concerner quelque chose de plus personnel comme un projet de formation.

L'intention correspond à un désir profond, ce qui me meut, me fait bouger. C'est au fond ce que je veux dans mes tripes. C'est le moteur de l'action. Il est donc fondamental de bien comprendre cette intention, de bien la cerner. Un exercice peut nous aider si besoin est : celui des cinq « Pourquoi ? ».

Le sens de l'action découle de l'intention. Il est important qu'il soit précisé et rédigé. Il va éclairer la direction de l'action. C'est « l'étoile du berger ».

L'enjeu c'est ce qui est « en jeu », ce que l'on risque de perdre ou de gagner, ce qui est dans la balance. Cela peut modifier la direction, voire - selon l'enjeu - changer le sens et même impacter l'intention.

6. Les cinq postulats de la dynamique du changement

Le changement vient de l'interaction :
« *Le proton est sujet au changement seulement en interaction avec d'autres particules* » Jeremy W. Hayward.

Le changement a différents niveaux. Il peut se manifester à travers la nécessité de s'adapter à un environnement qui évolue, mais aussi aller jusqu'au passage à un nouveau système. Dans un cas comme dans l'autre, cela amène des perturbations qu'il convient de prévenir ou, pour le moins, d'accompagner.

On peut illustrer cette dynamique du changement que l'on retrouve dans tous les systèmes, à travers cinq postulats :

a) Tout système a en lui ses limites, il a un début et une fin

Esther Jouhet-Bordoni ©2016-2019

Selon la nature du système, la durée de vie de ce dernier peut être plus ou moins courte ou particulièrement longue. A titre d'exemple, il en va ainsi de systèmes aussi diversifiés qu'un papillon qui est aussi un système en soi, une rencontre dans un train, une maison qui se dégrade si on ne l'entretient pas, une entreprise, notre planète, notre vie, etc.

La durée de vie d'un système dépend non seulement de la qualité et du nombre de ses interactions - car ce sont ces interactions qui vont le transformer, le faire bouger - mais elle dépend aussi du sens de ce système. Lorsqu'il n'a plus de sens ou plus d'utilité, il disparaît à plus ou moins long terme. Cela s'applique aussi bien pour le système créé par une relation, un emploi, que pour celui d'une entreprise.
En général, nous sommes tristes lorsqu'une période de bonheur (donc un système) se termine, mais n'oublions pas que cela s'applique aussi aux épreuves douloureuses à traverser, elles auront aussi leur fin !

b) Tout système contient en lui les germes du nouveau système à venir

Esther Jouhet-Bordoni ©2016-2019

Le postulat selon lequel tout système a un début et une fin peut paraître négatif, mais il a son pendant positif dans ce deuxième postulat. Les germes du prochain système sont toujours contenus dans le système actuel. Ils ne sont pas visibles, car en gestation. À nous de faire en sorte de préparer au mieux ce nouveau système et d'utiliser tout ce potentiel existant. « Rien ne se perd, rien ne se crée, tout se transforme » avait constaté Lavoisier.

Le mythe égyptien de l'œil d'Horus ou œil Oudjat ainsi que la symbolique qui en découle sont, à mon sens, une belle illustration de ce postulat. Horus, fils d'Osiris et d'Isis perd son œil gauche lors d'une bataille contre son oncle Seth, responsable de la mort d'Osiris. Cet œil est dispersé en soixante-quatre morceaux et Toth, dieu de la connaissance, en récupère soixante trois. Il manque le soixante-quatrième qui est rajouté par Toth afin qu'il puisse fonctionner. L'œil Oudjat est un symbole de protection qui veut dire complet, entier. On peut interpréter cette légende en disant que tout système est complet grâce et avec cette partie invisible qui permet d'accueillir le nouveau.

c) SI UN SYSTÈME SE FERME, IL TOURNE EN BOUCLE, S'ATROPHIE ET MEURT À PLUS OU MOINS LONG TERME

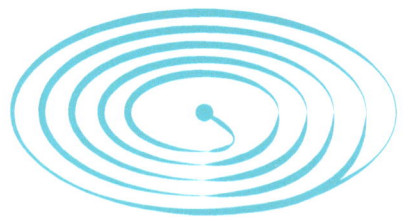

Esther Jouhet-Bordoni ©2016-2019

C'est l'un des grands principes systémiques : un système fermé est un système qui n'interagit plus, qui ne se nourrit plus et qui, progressivement, va s'étioler et disparaître. Le système vit grâce aux interactions ! Quelques exemples en illustration : lorsqu'on a un mouvement de retenue pour partager l'information, on ferme notre système. La possession d'une information est encore souvent perçue comme une forme de pouvoir. On sait quelque chose que les autres ne savent pas et cela nous place au-dessus d'eux. Aujourd'hui le mouvement inverse est à l'œuvre : il n'est que de voir le partage des informations qui se fait à travers Internet et notamment Wikipedia.

Cependant, il est important de ne pas ouvrir son système si ce dernier n'a pas ses fondamentaux (en particulier le sens et les valeurs), n'est pas suffisamment ancré et solide. Il risque à ce moment-là d'être balayé, avalé par les autres systèmes avec lesquels il entre en interaction. Cependant, il ne peut pas rester perpétuellement fermé et ne pas s'ouvrir. Le premier pas est certainement de revenir à l'étoile du berger qu'est le sens et de se poser les questions de fond : Que veut-on ? Quel est le but ? Quels sont les moyens pour y parvenir ?

Soyons donc attentifs lorsque l'on se trouve dans ou devant un système qui se ferme. Cela peut s'appliquer à l'intérieur de soi. Si l'on sent un mouvement de fermeture, de blocage, si l'on devient rigide face à certaines situations ou dans des échanges, il est intéressant d'en prendre conscience : nous sommes dans le mécanisme de fermeture d'un système avec les conséquences que cela peut entraîner. Pour s'en sortir, on peut se dire, dès cette prise de conscience "je suis en train de me fermer" et même de visualiser ce mouvement par une image. En principe, chacun trouvera l'image qui lui parlera ; cela peut aussi bien être des artères qui se rigidifient et qui progressivement manqueront de souplesse et mettront de ce fait ma vie en danger ; une carapace qui me recouvre et qui va m'étouffer, etc.

d) Le moment du passage d'un système à un autre est un moment de turbulence

Esther Jouhet-Bordoni ©2016-2019

Chaque système est appelé à évoluer du fait des interactions qui se déroulent à l'intérieur de lui et du fait des interactions avec les autres systèmes, y compris les systèmes émergeants. Cependant, l'on observe que tout passage d'un système à un autre système entraîne une zone de turbulence.

Cela s'applique au plan personnel : pour la naissance d'un bébé qui quitte l'utérus de sa mère et ce liquide amniotique dans lequel il était si bien ; le passage d'un âge à un autre ; le départ des enfants ; la retraite ; la maladie, etc. Instinctivement, on résiste à quitter l'ancien système qui est rassurant (en dépit des défauts et des difficultés qu'il pourrait avoir), car il est connu ; passer dans l'autre système, c'est plonger dans l'inconnu.

On peut donc dire que, lors du passage d'un système A à un système A', la zone de turbulence est plus ou moins forte selon la résistance qui est opposée à ce passage. Plus vite l'on acceptera de passer à l'autre système, plus vite les turbulences cesseront. D'ailleurs, nous constatons bien souvent que cela aide les personnes de savoir qu'elles sont simplement dans une zone de turbulence et pas dans quelque chose qui est appelé à durer éternellement. Souvenons-nous : tout système a un début et une fin et cette zone de turbulence est aussi un système.

Les peuples autochtones, ou encore peuples premiers, l'ont très bien senti en instituant des rituels de passage, notamment pour le passage de l'adolescence à l'âge adulte. Ceci afin de favoriser et d'accompagner la transformation de manière harmonieuse.

e) La traversée de la zone de turbulence est essentielle et se fait par l'évolution du sens

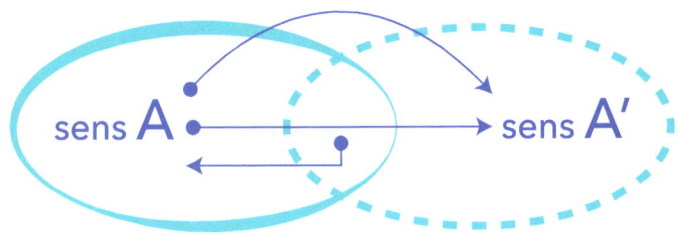

Esther Jouhet-Bordoni ©2016-2019

Lors d'une zone de turbulence, on a également tendance soit à sauter par dessus, soit à revenir en arrière ou encore à essayer d'éviter en passant à côté.

Éviter la zone de turbulence en étant dans le déni : tout va bien ; il ne s'est rien passé ; rien n'a changé ; ou encore sauter par dessus revient à sortir de l'ancien système sans avoir réglé ce qu'il y avait encore à régler et arriver dans le nouveau système avec les fonctionnements du passé qui ne seront pas adaptés. Là on ne sera pas dans une zone de turbulence, mais dans un système où l'on va dysfonctionner et dans lequel on ne sera pour le moins pas à l'aise. Revenir en arrière peut s'expliquer par le fait que les choses ne sont pas assez claires et surtout que le sens du prochain système n'est pas encore perçu ou simplement par la peur de l'inconnu. Il est parfois important de prendre le temps de la compréhension. Cependant, il est indispensable d'être attentif à ne pas rester en arrière afin de ne pas entrer dans un système fermé.

En fait, il est fondamental de traverser la zone de turbulence, car elle nous amène par les secousses qu'elle provoque une saine remise en question. Elle nous oblige à nous poser les questions de fond que sont celles du sens, de ce que l'on veut et de ce que l'on fait, de notre part de responsabilité – et non culpabilité ! – de ce que l'on a reçu, donné, accompli ou pas ; la gratitude et le merci pour ce qui a été...

Toute personne qui traverse réellement une zone de turbulence ne pourra en ressortir que grandie, transformée et prête pour le prochain système.

7. Le processus du changement ou mouvement de vie

Le processus du changement correspond au mouvement de vie et il est permanent. Tout change tout le temps. À partir du moment où on est dans la vie, tout interagit. C'est un système qui comprend au moins quatre sous-systèmes : le système passé, le système actuel, le système futur et le système émergent. Aucun ne peut être ignoré, exclu et tous interagissent. Le système actuel doit prendre en compte le système passé dans ce qu'il a apporté et il doit avoir une vision du système futur qui lui-même dépendra du système émergent qui fera bouger le système futur. Chacun des systèmes est relié à un sens.

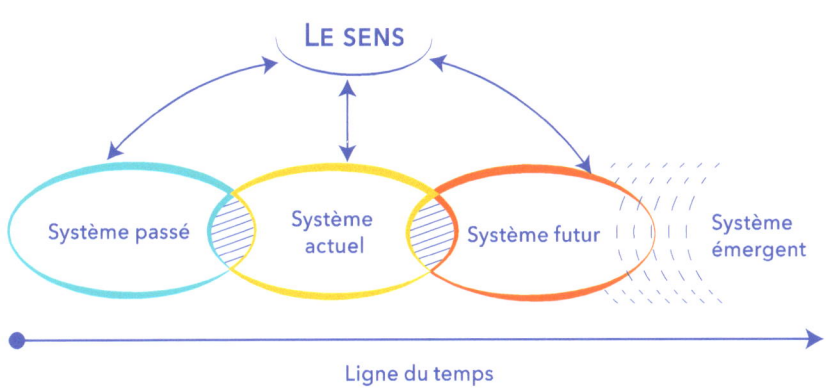

Esther Jouhet-Bordoni ©2014-2019

C'est ainsi que l'on peut donner l'exemple de ce directeur général qui a été engagé, dans un système vieillissant, pour sa vision du futur. Cependant, lors de son arrivée, il n'a pas pris le temps de comprendre le système existant et encore moins d'interroger le système passé. Il est parti du présupposé que tout était nul avant, sans tenir compte du contexte. Il lui a semblé plus simple de faire table rase du passé - ce qu'il ne faut, sur un plan systémique, surtout pas faire - sous peine de se retrouver face à des freins et des difficultés qui vont plomber le changement voulu.

Il est fondamental d'avoir toujours une partie du système passé dans le système actuel, ne serait-ce qu'en reconnaissant ce que ce système a apporté au système actuel.

Ces systèmes - passé, actuel, futur et émergent - sont interconnectés et interagissants, c'est une chaîne. On ne peut pas rompre la chaîne.

Souvent, on fait venir un dirigeant pour casser ce qui a existé, quitte à ce que cela coûte très cher ; mais il doit partir après, car comme il aura tout cassé, il ne pourra plus travailler pour le système futur. Mais il le sait quand il est engagé.

Je dis parfois à un dirigeant « *la moindre des gratitudes, c'est d'être reconnaissant au système qui a vécu jusqu'à présent et qui fait que l'on vous a engagé.* » Ce système a été suffisamment bon pour fonctionner jusqu'à présent, mais il n'a pas su s'adapter. Si l'on fait table rase du passé, il y a encore des personnes qui ont appartenu à ce système passé et l'on ne reconnait pas ce qu'elles ont apporté au système. Comment peut-on coopérer, collaborer avec tout ce collectif, les amener avec soi sur le chemin si l'on ne reconnait pas ce qu'ils ont apporté au système ?

On peut expliquer que si un système ne s'ouvre pas, il s'appauvrit, s'atrophie, tourne en boucle. Donc si "c'était mieux avant", ils vont tourner en boucle, ne plus être productifs, pas heureux. Ils seront toujours dans le passé. Le rôle du dirigeant est de les amener à entrer dans le système actuel, d'entrer dans sa vision du futur. Il est important qu'il les fasse participer au moins à la co-construction de l'organisation du système actuel. Reconnaître qu'ils ont une expérience et les consulter réellement sur comment ils voient les choses. Il faut que cela soit une co-création.

On ne peut jamais revenir en arrière. Comme il y a une interaction, on peut puiser de l'information, mais aussi voir les racines et tirer ses forces de ces racines. Le passé, ce sont les racines. Si l'on se coupe des racines, on se fragilise. C'est reconnaître la place de ce système passé. C'est avoir la gratitude, c'est le merci qui libère.

C'est un processus. C'est la compréhension du processus de ce qui se passe, i.e. l'application de l'appartenance qui permet de créer, de co-créer le nouveau système. Car on ne peut pas exclure; le système actuel appartient au système passé, le système futur appartient au système actuel ; etc. Il faut être attentif à l'exclusion : faire table rase du passé, c'est exclure un système.

8. LA SPIRALE DES INTERACTIONS DU POUVOIR-CONSTRUCTION ET DU POUVOIR-DOMINATION.

Il s'agit d'une dynamique interactive qu'il peut être particulièrement utile de connaître, notamment en entreprise, dans un moment où cette dernière doit faire preuve d'adaptabilité, de réactivité et de créativité. Conditions qui ne peuvent se développer que dans un environnement qui privilégie l'implication à tous les niveaux et favorise le partage du sens, la co-construction, voire la co-création, ce que certains appellent « l'entreprise libérée ».

De nombreux exemples d'entreprises dans cette mouvance sont cités de par le monde (cf. *Reinventing organisations* de Frédéric Laloux, *L'entreprise libérée* de Isaac Getz). On y relève notamment l'importance du dirigeant qui doit initier et aussi accompagner le mouvement. Différentes qualités lui sont demandées :
• bien sûr la conviction de la richesse et de la complémentarité du groupe et de ses interactions ;
• savoir combien une vision, un sens partagé sont essentiels et constituent le fondement de toute entreprise ;
• accepter qu'il ne peut et ne doit pas tout connaître, surtout dans cette complexité croissante.

Tout ceci demande d'entrer dans ce mode de Penser Systémique qui favorisera le mode d'action qui en est la conséquence.

Parmi les dangers qui guettent cette démarche, il y a une spirale interagissante qu'il est essentiel de connaître, et dont l'équilibre doit être surveillé : la spirale des interactions entre le pouvoir-construction et le pouvoir-domination.

À mon sens, il y a dans cette dynamique principalement deux éléments qui entrent en jeu : l'égo et la peur ! Chaque élément a – comme tout système – sa face opposée.

Ainsi l'égo est à la fois le fondement de la construction de soi, de sa personnalité et de la confiance en soi, mais revêt aussi l'autre face qui est celle de la prédominance du moi, de la méconnaissance et non conscience, de l'absence de prise en compte d'autrui et des autres.

La peur, quant à elle, est aussi à double facette. Elle est protection et prise en compte du danger. Elle favorise la prise de risque consciente et assumée. En revanche, la peur qui paralyse est le plus grand ennemi de l'Être humain.

Selon de quel côté penche la balance, on aura pour résultat un pouvoir constructif ou un pouvoir dominateur.

Le pouvoir constructif se nourrit d'un égo qui soutient une saine confiance en soi, qui permet d'oser et d'agir ainsi que d'une peur lucide et juste qui favorise une action aux risques calculés et assumés sans être dans la paralysie.

Le pouvoir dominateur a pour fondement un ego fort « ego / supériorité » qui s'autoalimente et développe un sentiment de prédominance, lequel amène une non considération d'autrui ; ce qui devient – à l'extrême – un moyen pour asseoir son pouvoir. La peur - de perdre, de manquer, de ne pas y arriver, de ne pas être aimé ou considéré, d'être exclu - quant à elle entraîne un processus qui interagit et s'accroît en boucle.

Il est à souligner que le tout est dans un équilibre mouvant. Être dans la dynamique du pouvoir-constructeur ou pouvoir-dominateur n'est pas acquis une fois pour toute. Tout est vie donc tout est mouvement. Selon la facette ego/confiance ou ego/supériorité, peur/sécurité ou peur/crainte qui apparaît face à une situation donnée, elle va interagir et nourrir progressivement le pouvoir concerné pouvant l'amener à basculer dans le pouvoir opposé. Ainsi, un pouvoir-construction n'est pas garanti de manière permanente, tout comme on peut espérer qu'un pouvoir-domination puisse évoluer dans un sens plus favorable à la co-construction.

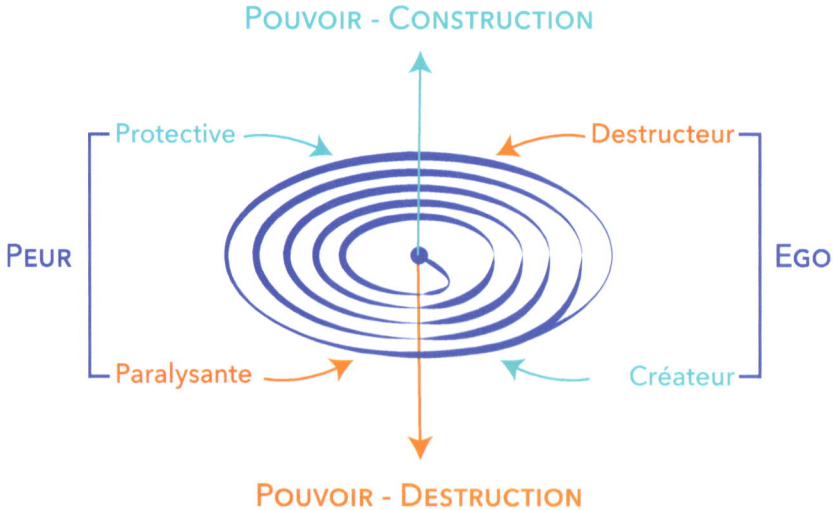

Esther Jouhet-Bordoni ©2019

Dix clés de lecture systémique

9. Retrouver l'équilibre avec les cinq caractéristiques des systèmes complexes

On peut dénombrer, sous forme de synthèse, cinq grandes caractéristiques au niveau des systèmes complexes : le sens, le principe d'unité, l'interaction, le changement permanent et continu ainsi que la complexification. Ces caractéristiques sont autant de clés qui permettront d'ouvrir ce qui peut s'être fermé.

Esther Jouhet-Bordoni ©2014-2019

10. La roue de la résolution

Quand il y a dysfonctionnement, que fait-on ?

Il y a heureusement des clés pour ouvrir les portes et rééquilibrer le système. Des "clés d'or" que l'on peut appliquer dans le cadre de l'entreprise, mais aussi à titre personnel dans toutes les parties de sa vie. Elles permettent de sortir de la position de victime pour prendre ses responsabilités et grandir. Ces clés peuvent se synthétiser dans une « Roue de la résolution ».

Esther Jouhet-Bordoni ©2014-2019

La première clé est de « Voir »

Aussi surprenant que cela puisse paraître, on ne voit pas toujours ce qui se passe, ce qui est en jeu, ce qui ne va pas. On peut même être dans le déni conscient ou inconscient. Le premier pas est donc de voir et parfois cela suffit à rééquilibrer le système.

Cela semble à priori, tellement simple... trop simple ? Et pourtant parfois – pour ne pas dire souvent - cela suffit. Voir et ne pas être dans le déni.

Lorsque l'on voit, la situation commence à bouger, car tout un processus va se mettre en place. Pour initier un changement, il n'est pas nécessaire de tout changer d'un bloc – c'est même contre productif – il est plus important de faire évoluer un premier élément qui va interagir avec les autres parties constitutives du système. Ce premier élément étant soi-même !

La deuxième clé est de savoir « Reconnaître sa part »

Lorsqu'un système dysfonctionne, il y a toujours une part dans ce dysfonctionnement qui nous revient quel que soit son pourcentage (attention de ne pas trop la minimiser !). Rechercher cette part est indispensable dans tout processus de résolution, car cela participe grandement à l'évolution de la situation. Cette part peut être aussi bien d'en avoir trop fait que pas assez. Dans le positif comme dans le négatif.

Reconnaître est une clé fondamentale. Lorsque l'on se sent reconnu, lorsque l'on reconnaît (son erreur, que l'autre est son supérieur hiérarchique, etc.), le système s'apaise. Ne dit-on pas que « la lumière chasse les ténèbres » ?

LA TROISIÈME CLÉ EST DE SAVOIR « RECONNAÎTRE À L'AUTRE »

Reconnaître à l'autre suppose de voir tout ce que l'autre a apporté dans la construction du système. Tout simplement reconnaître la part de l'autre dans ce qui fonctionne et le lui dire. Mais il s'agit aussi de savoir dire que l'on n'a pas su faire, pas été adéquat, reconnaître... de ne pas avoir su ou pu reconnaître ! Cette clé, lorsqu'elle est vraiment pensée, libère très vite - de manière parfois surprenante - la tension existante.

LA QUATRIÈME CLÉ EST DE SAVOIR « RECONNAÎTRE AU SYSTÈME »

De quoi s'agit-il ? Il est rare qu'un système dans lequel on est soit totalement négatif. Il y a toujours des éléments positifs qu'il est important de savoir détecter. C'est ainsi, par exemple, que l'on peut reconnaître qu'un emploi – même honni – nous permet de faire vivre notre famille.

Si l'on n'a pas apaisé le système et qu'il continue de dysfonctionner, il faut reconnaître au système ce qu'il a apporté non pas dans le dysfonctionnement, mais ce qu'il a apporté en général.

Cela aide, si ce n'est à résoudre le problème, au moins à la prise de conscience de tout ce qui interagit.

« Savoir réparer »

Si le fait de reconnaître débloque bien souvent des situations, cette seule clé peut ne pas suffire. Il peut donc être important d'agir, de réparer, de compenser. Il est à souligner que le fait de reconnaître, de mettre les choses à la lumière donne de plus l'énergie complémentaire de réparation. Parfois il ne suffit pas de reconnaître, il est aussi important de réparer.

La cinquième clé est de « Savoir dire Merci »

Il est parfois, pour ne pas dire souvent, très libérateur de dire - au plus profond de soi – « Merci ». Merci à l'autre, merci au système et même merci à soi ! Pour y arriver, il est fondamental de se poser cette question : « Quel est le merci que je peux dire ? » et cela même si le système, l'autre ou soi-même n'ont pas correspondu à ce que l'on attendait ou était en mesure d'attendre.

La sixième et plus belle clé est de « Savoir accepter »

Accepter ce qui a été, ce qui est et même - si nécessaire - accepter que la situation n'a pu être résolue. Cependant si l'on a effectué tout le processus, on est dans un autre état d'esprit, une autre dynamique. Car accepter n'est pas se résigner et être victime, accepter c'est entrer dans sa responsabilité et peut-être commencer à chercher ce que l'on a à comprendre.

Deux possibilités s'offrent à ce moment à nous :

1. Revenir dans le système différemment avec un autre état d'esprit et donc de nouvelles interactions et bien souvent la situation s'allège.

2. Quitter le système pour aller vers un nouveau système. Le quitter et non s'exclure. C'est ce que le processus suivi aura permis d'atteindre : la sortie du système en ayant résolu ce qu'il y avait à résoudre et être ainsi prêt à accueillir le nouveau !

Cette boucle est applicable à toute situation, à soi, à l'autre, à l'entreprise.

11. Synthèse : l'Être Systémique

Les clés principales peuvent s'illustrer à travers l'image d'un Être Systémique qui, riche de son sens-intention, va suivre le mouvement des interactions et tendre vers l'équilibre du triangle AOC, Amour, Ordre et Connaissance. Il prendra en compte les trois grandes dynamiques que sont l'appartenance au système, la place dans le système et l'équilibre entre le donner et le recevoir.

Ce sens-intention nourrira des valeurs et l'entraînera vers un sens-direction et une stratégie pour laquelle il aura soin d'intégrer ses connaissances au niveau du processus du changement et ses grands principes, notamment au niveau du système émergent.

Dix clés de lecture systémique

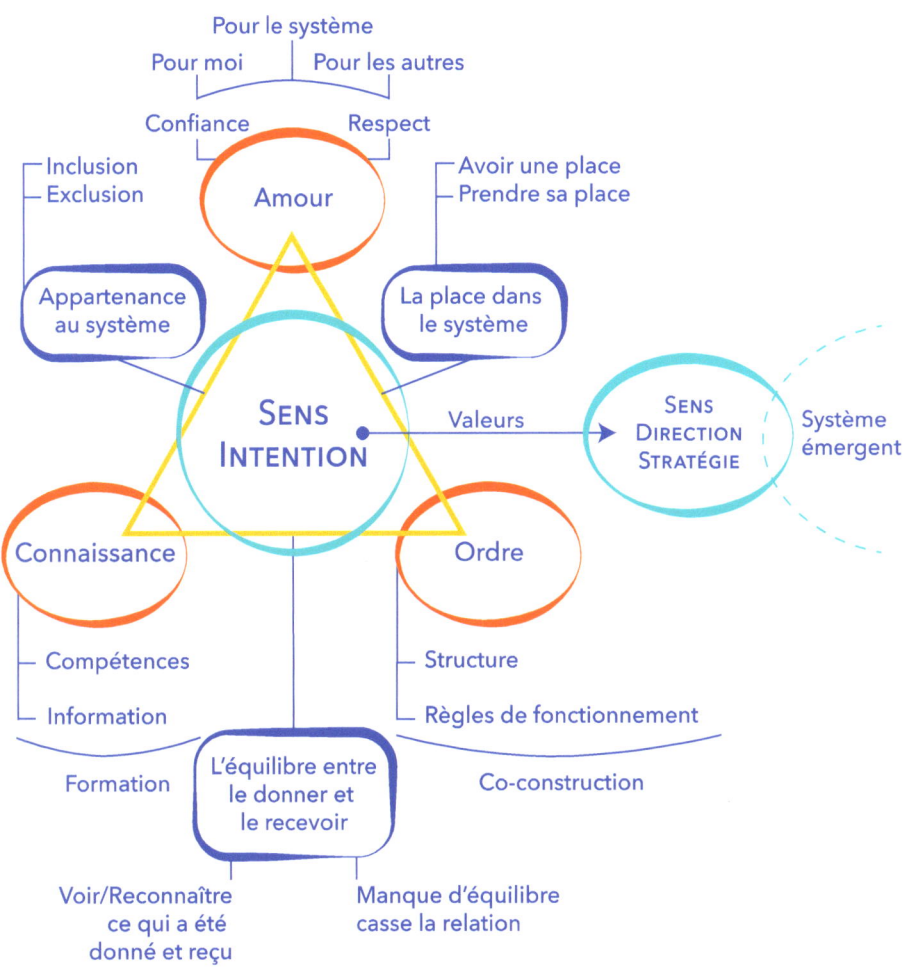

Esther Jouhet-Bordoni ©2017-2019

- Conclusion -
Qu'apportent concrètement ce mode de penser et ses clés de lecture ?

Concrètement il :
- Redonne et harmonise le sens ;
- Réaligne les visions ;
- Aide à la prise de conscience et à l'intégration ;
- Responsabilise ;
- Permet de trouver des solutions là où on n'en voit plus ;
- Règle les problèmes à la racine ;
- Débloque, décrystalise ;
- Fluidifie la réalisation ;
- Remet en mouvement.

1. Sur le plan individuel qu'apporte à chacune et chacun le Penser Systémique ?

Il apporte :
- La vision globale ;
- La compréhension des interactions et de l'importance du lien ;
- La fluidité dans les relations ;
- Un comportement plus en conscience ;
- L'entrée dans une dynamique de résolution et d'acceptation ;
- Le questionnement du sens ;
- L'adoption du ET et du Tiers inclus.
- L'acceptation / la sérénité.

2. Comment entrer dans un mode de Penser Systémique ?

Privilégier la vision d'ensemble / une vision globale

Compte tenu de l'importance des interactions, il est fondamental d'appréhender la globalité du système afin de mieux en comprendre le fonctionnement et les dynamiques sous-jacentes.

Connaître les lois du vivant

L'observation de la nature et de l'Être Humain a servi de base aux principes issus des différentes approches systémiques.

Prendre en compte les dynamiques systémiques

Ces dynamiques sont sous jacentes à tous les systèmes. Les connaître permet de se donner toutes les chances d'évoluer dans un système harmonieux. Notamment dans les situations de changement.

Passer du pourquoi au comment / S'intéresser au processus

Le processus ce sont les interactions. C'est voir comment se déroulent ces interactions. Les décrypter favorise la compréhension de ce qui se passe.

Passer du OU au ET, du tiers exclu au tiers inclus

L'on se met souvent dans des situations drastiques de OU (blanc ou noir ?) et l'on oublie parfois que cela peut être ET. Alors posons-nous plus souvent la question « Et si c'était ET ? ».

3. L'attitude systémique à adopter

Que signifie adopter une attitude systémique ?

Avoir une attitude systémique, c'est avoir pris conscience que tout est inter relié et que tout interagit. Entrer dans une telle prise de conscience est le premier pas vers la responsabilisation. L'on se rend compte que nos actes sont porteurs d'interactions et que ce que l'on vit est aussi le résultat de toutes ces interactions. Partant de là, on ne peut plus se conduire de manière « inconsciente ». On commence à être dans ce que l'on fait et ce que l'on dit. C'est le début de la vraie présence. Nous ne pouvons plus être la victime des évènements et des autres. Il nous faut voir, découvrir, comprendre quelles attitudes, quels comportements avoir pour que de nouvelles interactions se développent et nous conduisent dans un autre système. Cela paraît utopique, mais c'est pourtant ainsi que – de manière générale – les choses fonctionnent.

4. La méthode Penser, Voir et Agir Systémique© au service de l'entreprise

Quelle utilité, quelle application concrète dans le cadre de l'entreprise ?

Tous les outils décrits plus haut complétés par les outils de représentation systémique, graphique et figurines, leur application et leur intégration constituent la méthode Penser, Voir et Agir Systémique©.

- Perspectives -
Libérer l'intelligence au travail

Le mouvement des cercles de qualité et de la DPO (Direction Participative par Objectifs) apparu dans les années 80 en Europe était précurseur.

Aujourd'hui, on y revient de plus en plus grâce, notamment, à Jean-François Zobrist qui a géré avec succès son entreprise dans une dynamique collaborative qui a fait des émules au travers de l'expression « l'entreprise libérée ». Je dois dire que je préfère parler de « libérer l'intelligence au travail ». Une des tâches prioritaires des cadres dirigeants est de savoir libérer l'intelligence au travail. C'est une des conditions de la performance de l'entreprise.

La complexité entraîne non seulement une certaine imprévisibilité – plus ou moins forte selon le degré de complexité - mais également la difficulté, voire l'incapacité de tout savoir. Ainsi il n'est plus demandé à un responsable de tout connaître et d'avoir réponse à tout. Il lui est de plus en plus demandé de savoir faire travailler les équipes dans une vraie dynamique collaborative, car les réponses se trouvent bien souvent sur le terrain et avec le groupe.

Libérer l'intelligence au travail signifie se donner les moyens de bénéficier de la motivation, de l'intelligence et des compétences de tous les membres d'une entreprise, d'une équipe, afin de mieux appréhender une complexité croissante ainsi que l'accélération du processus du changement. Il s'agit d'avoir, comme fil conducteur, la responsabilisation et l'autonomisation des collaborateurs afin de favoriser leur implication et donc leur réactivité et leur capacité d'initiative face à l'imprévisibilité qui caractérise la complexité actuelle.

Libérer l'intelligence au travail ne veut pas dire anarchie et désordre. Cela demande au contraire de la présence et de la rigueur ainsi que le respect des principes systémiques visités jusqu'ici comme, par exemple, le Triangle AOC.

En cela, la méthode Penser, Voir et Agir Systémique© constitue un outil complet pour répondre à cet objectif.

Cet ouvrage se termine sur les derniers mots du manuscrit d'Esther, qui s'adresse aussi bien à l'individu qu'aux entreprises :

Bonne route sur ce chemin plein d'ouverture et de sagesse...

- Postface SLI -

Nous sommes confrontés depuis de nombreuses années à une accélération certaine du temps, à la multiplication des inter relations entre les groupes, à la perte de nos repères, à l'étirement, voire la disparition de notre tissu social, à la déshumanisation des relations.

Parallèlement, un grand nombre d'individus ont pris conscience de l'émergence d'un nouveau monde, de la nécessité d'effectuer un changement profond de leur mode de fonctionnement en se connectant à leur créativité, à leur Moi profond, en recherchant le Sens de leurs actions et de leur vie en général.

L'année 2020 a mis le monde devant l'une des caractéristiques majeures de la société actuelle : l'imprévisibilité et l'impossibilité de gérer le futur selon les critères utilisés jusqu'à il y a peu.

Grâce à l'intégration du Penser Systémique en complément du Penser Analytique, à l'application des principes et à l'utilisation des clés de lecture décrits dans cet ouvrage, l'individu se trouvera mieux armé pour affronter ce nouveau monde et le co-créer à l'image de ses nouvelles convictions.

La responsabilité est celle de toutes et tous.

C'est dans cet esprit qu'en 2017, nous avons fondé Systemic Learning Institute SA à l'initiative et avec Esther Jouhet-Bordoni. Cette entreprise a pour but de faire vivre et de transmettre la méthode Penser, Voir et Agir Systémique©.

Depuis qu'Esther Jouhet-Bordoni nous a quittés, nous poursuivons son œuvre en formant à l'utilisation de cette méthode et en accompagnant les organisations et les individus à l'intégration de ce mode de penser.

Les Co-fondateurs de Systemic Learning Institute SA
www.sli-sa.ch

- Annexe -
des témoignages

1. **Suite à des interventions en entreprise**

Sophie Dubuis – ex-Directrice du CICG Genève

J'ai eu la possibilité de travailler avec Esther Jouhet-Bordoni lorsque j'étais Directrice du Centre International de Conférences de Genève (CICG). La systémique m'a permis de mener à bien mes objectifs d'équilibre financier de la structure ainsi que de sa réorganisation. J'ai expérimenté la méthode des Playmobil seule et avec mon équipe de cadres de huit personnes. Les résultats ont été positifs tant au niveau du fonctionnement que des relations interpersonnelles. Dix ans plus tard, j'utilise régulièrement la systémique tant au niveau professionnel que personnel.

Jérémy Annen – ex-Directeur de IFAGE Genève

J'ai eu l'occasion de travailler à plusieurs reprises avec Esther Jouhet-Bordoni dans le cadre de formations et ateliers pour les collaborateurs et les cadres de l'IFAGE. A chaque fois, son approche a permis de comprendre les causes de certains problèmes et de déterminer les actions à entreprendre pour y faire face. La parole libérée de manière bienveillante a permis la mise en mouvement, individuelle et collective, pour un « travailler ensemble » de meilleure qualité, efficace et humain.

Alastair Coull – Directeur de Pictet Academy Formation chez Banque Pictet & Cie SA Genève
Gagner en impact dans un environnement complexe

Esther Jouhet-Bordoni a animé avec bonheur et conviction de multiples séminaires chez Pictet. Elle a introduit de nombreux managers et porteurs de projets à la vision systémique des relations humaines, et à la manière de mieux mobiliser l'intelligence collective. De nombreux-ses collaborateurs-trices de Pictet ont été très inspiré-es par ses interventions et par son rayonnement humain. Cela leur a enseigné une approche plus féconde, agile et parfois apaisée de la complexité des facteurs humains en entreprise. L'empreinte positive d'Esther sur notre entreprise est durable et nous lui en sommes très reconnaissants. C'est une voix qui va nous manquer. Restent heureusement les écrits et l'inspiration qu'elle nous a insufflée.

2. Suite à des formations

Appréciation sur l'Evocation

Anonyme

Le fait d'évoquer ensemble, d'échanger sur tel ou tel mot nous a permis de nous recentrer les uns envers les autres, mais aussi de faire émerger une forme de ligne directrice, fédératrice. J'ai été surprise de constater la force de cet outil. Mise à part la facilité déconcertante de son usage, il a le mérite comme je l'ai écrit précédemment, d'accéder en quelque sorte à la carte du Monde de l'Autre, comme de mettre en évidence l'activité d'un secteur. L'Evocation offre aussi une forme de facilité pour celle ou celui qui s'y confronte pour la première fois avec un résultat probant très rapide. C'est aussi un outil d'interaction, entre nos trois personnes, mais également dans le secteur que je gère - le tout s'inscrivant encore dans une Ecole et avec des Institutions de soins.

Processus du changement

Christophe Boraley - HEIG

Lors de notre troisième rencontre, j'ai souhaité tester un autre outil. En effet, étant donné que nous étions contraints par le temps, je me suis dit que peut-être essayer le mouvement de vie pourrait être intéressant. Il l'a été ! Effectivement, je pense que cet outil aurait dû être utilisé en lieu et place de la Roue de la Résolution. Notre secteur a beaucoup évolué sur les cinq dernières années. De travailler sur le système passé, présent, futur, voire d'un futur émergent a été une richesse pour nous trois. Chacun a su se placer sur cette échelle de temps, valider les acquis du passé, reconnaître les actions du présent et surtout se projeter dans un futur immédiat par le départ de notre collègue. Ce qui a été étonnant, cela a été la projection à l'acceptation de se séparer de notre collègue, comme elle de nous quitter. Cela nous a permis de mettre à nouveau des mots sur ce qui s'est passé : nous avons pu dire que le « passé est le passé », « on ne revient finalement jamais sur le passé », sans toutefois le négliger. Nous avons pu en quelque sorte le remercier. Traverser le temps sous cette forme nous a aussi permis de nous rendre à nouveau responsables et acteurs du changement. Cela a aussi été de (re)mettre du sens dans nos activités quotidiennes. Ce qui m'a le plus sidéré en allant dans le futur, voire le futur émergent avec mes collègues, cela a été de « voir » en quelque sorte la nouvelle collaboratrice qui remplacera notre collègue. Cet exercice d'aller dans le futur m'a aussi offert la possibilité de visionner les changements possibles, l'évolution du secteur où je travaille.

Elodie Primo (CEO de MOS MindOnSite)

A l'origine de notre rencontre une passion partagée : la formation. Lorsque j'ai fait la connaissance d'Esther chez elle, assise dans la grande véranda j'étais intimidée, non pas par son adorable chienne couchée à mes pieds, mais par son parcours professionnel remarquable dont j'avais pris connaissance au préalable. J'avais le sentiment d'être en présence d'une grande dame et d'une belle âme. Cette première impression n'a fait que se préciser plus j'avais la chance d'échanger avec elle.

La formation Penser, Voir et Agir Systémique© m'a ouvert de nouvelles perspectives et offert des outils puissants pour apprivoiser la complexité des relations et du business. La méthode développée par Esther est brillante, à son image.

Mon fils avait 7 ans quand il a fait la connaissance d'Esther, il lui a dessiné un arc-en-ciel dont le symbolisme est suivre le désir, le but de notre cœur. Esther a donné du sens à ma vie. Avec toute ma gratitude.

Laurence (domaine de la santé publique)

Je peux d'ores et déjà dire qu'il y a eu un « après première session ». L'image qui me vient à l'esprit est celle d'une bulle d'oxygène. C'est en tout cas entourée de cette bulle que je suis retournée au travail le lundi matin. Soulagée... soulagée de savoir qu'il y avait d'autres manières de voir les choses et les gens, que celle qui était depuis un moment la mienne... Alors je ne dis pas que je travaille maintenant au pays des bisounours, mais c'est libérée d'un poids que je me lève le matin. Et ça, ça fait du bien !

Et je me suis même essayée à tester les connaissances acquises (enfin... en cours d'acquisition !) sur mon mari... qui les a mises en pratique lors d'une réunion qui s'annonçait particulièrement houleuse... Au lieu de se faire fermer la porte au nez, il a eu droit à des ouvertures, et même aux compliments de certains de ses collègues, qui l'ont félicité de son attitude... Bref, dans notre famille, la première session de formation systémique a eu l'effet d'une boule de neige...

Murielle (domaine de la santé publique)

J'ai eu la chance de cheminer avec Esther pendant quelques années. Elle m'a transmis certaines de ses expériences et m'a appris à regarder le monde, les systèmes, à les voir. Grâce aux différentes grilles de lecture qu'elle m'a enseignées, j'ai pu mieux apprivoiser, notamment le monde des hôpitaux et de la santé, monde complexe, systèmes complexes. En utilisant certaines grilles de lecture dans les périodes de changement, cela a permis à chaque niveau hiérarchique, avec peu de mots, de visualiser les problématiques et les solutions afin d'agir sur l'ensemble des systèmes pour améliorer l'organisation et accompagner les êtres humains. Ces outils permettent la compréhension de la complexité par tous et réunissent. Un tout grand merci à Esther pour tous nos échanges, notre enrichissement mutuel. Et bravo, pour la réalisation de ce livre. Croiser la route d'Esther fût un magnifique cadeau. Merci.

Brigitte Lueth (monde politique)

Il est difficile de trouver les mots percutants pour décrire ce que la formation à la méthode Penser, Voir et Agir Systémique©, créée et donnée par Esther Jouhet-Bordoni, m'a apporté tant dans sa précision que dans sa simplicité d'utilisation et sa pertinence dans la complexité grandissante du monde actuel.

Je travaille dans un milieu politique international dans lequel l'application de cette méthode n'est pas spécifique. Cependant, j'ai recours à la « boîte à outils » que j'ai reçue, chaque fois que je suis confrontée à une situation complexe qui me semble inextricable, ou à la recherche d'une solution à un problème d'ordre privé. Je relis mes notes prises lors des formations, je pense aux conseils d'Esther, je me munis d'une feuille blanche et de crayons de couleur et l'ensemble m'ouvre miraculeusement le chemin pour sortir de mon chaos !

Ce livre et la méthode qu'il décrit clairement sont pour moi un trésor de solutions applicables quasi quotidiennement. Un grand merci à toute l'équipe qui a mené à bien ce projet après le départ d'Esther Jouhet-Bordoni.

Dominique Chailleux (CEO de Liight)

Ma formation à la méthode Penser, Voir et Agir Systémique© m' a donné des outils et une approche nouvelle pour piloter mon entreprise. Les outils que j'utilise au quotidien sont d'une puissance dont j'ignorais auparavant l'impact. Au delà de l'expérience, c'est un moteur puissant pour progresser.

Christophe Quinche – Directeur des opérations chez Multicolor Suisse SA

Cette formation a été pour moi une révélation. J'y ai découvert, avec intérêt, une autre façon de penser qui a changé mon regard sur l'entreprise et mon environnement. Grâce à cette méthode, j'ai acquis des outils simples, pratiques et très efficaces, que je peux maintenant appliquer dans la résolution de problématiques complexes. J'encourage tous les dirigeants à suivre cette formation.

- BIBLIOGRAPHIE -

BERIOT Dominique, *Manager par l'approche systémique*, Editions d'Organisation, 2014.

Von BERTALANFFY Ludwig, *Théorie générale des systèmes*, Editions Dunod, 1973.

BÖSZÖRMENYI NAGY Yvan, *Invisible Loyalties*, Brunner Mazel, 1973.

BÖSZÖRMENYI NAGY Yvan and KRASNER Barbara R. , *Between Give and Take*, Bruner Mazel, 1986.

DESCARTES René, *Discours de la méthode*, 1637.

GENELOT Dominique, *Manager dans la complexité - Réflexions à l'usage des dirigeants*, Julhiet Editions, 2011.

GENELOT Dominique, *Manager dans (et avec) la complexité*, Eyrolles, 2017.

GETZ Isaac, *L'Entreprise libérée – Comment devenir un leader libérateur et se désintoxiquer des vieux modèles*, Fayard, 2017.

KOURILSKY Françoise, *Du désir au plaisir de changer*, Editions Dunod, 5ème édition 2014.

LALOUX Frédéric, *Reinventing organisations – Vers des communautés de travail inspirées*, Les Editions Diateino, Traduction française 2015.

REEVES Hubert, *Poussières d'étoiles*, Le Seuil, Collection « Science ouverte », 1984.

REEVES Hubert, *L'Heure de s'enivrer : l'univers a-t-il un sens ?*, Le Seuil, Collection « Science ouverte », 1986.

REEVES Hubert, *Je n'aurai pas le temps*, Le Seuil, 2008.

RIALLAND Chantal, *Vivre mieux grâce à la psychogénéalogie – Comment donner un sens à notre histoire pour devenir nous-mêmes*, Robert Lafont, 2011.

RIALLAND Chantal, *Cette famille qui vit en nous*, Marabout, 2013.

RIFKIN Jeremy, *La Troisième révolution industrielle – Comment le pouvoir latéral va transformer l'énergie, l'économie et le monde*, Les Liens qui libèrent, 2012.

ROSSELET Claude, *Andersherum zur Lösung – Die Organisationsaufstellung als Verfahren der intuitiven Entscheidungsfindung*, Editions Versus Kompakt, 2013 Traduction française par Esther Jouhet-Bordoni, *Intuition et Management – Donner à l'intuition sa place en entreprise grâce aux*

Représentations Systémiques, Editions Versus Kompakt, 2014

SALOFF-COSTE Michel, *Le management du troisième millénaire – Innover et s'épanouir aujourd'hui*, Ed. Gui Trédaniel, 1991-1999-2005.

SCHARMER Otto, *Theory U – Leading from the emerging future – From Ego-System to Eco-System Economies*, Berrett-Koehler Publishers, Inc, 2013.

SCHWARZ Eric, *Proceeding of the 4th International Symposium on Systems Research and Cybernetic*, Baden Baden 1993.

SENGE Peter, *The Fifth Discipline. The art and practice of the learning organization*, Random House London, 1990. Traduction française : *La Cinquième Discipline – Levier des organisations apprenantes*, Eyrolles, 2015.

STAM Jan Jacob, *Fields of Connection – The Practice of Organisational Constellations*, Het Noorderlicht Publishers, 2016.

STAM Jan Jacob, *Wings for Change : Systemic Oganizational Development*, Systemic Books Publishing, 2016.

STAM Jan Jacob et SCHREUDER Bibi, *Systemic Coaching*, Het Noorderlicht Publishers, 2017.

STAM Jan Jacob et HOOGENBOOM Barbara, *Systemic Leadership*, Vitgeverij Het Noorderlicht, 2018.

TRINH XUAN THUAN, *La Mélodie secrète*, Fayard, 1988.

TRINH XUAN THUAN, *L'Infini dans la paume de la main – Du Big bang à l'éveil*, Nil Editions, 2000.

TRINH XUAN THUAN, *Le Cosmos et le Lotus*, Albin Michel, 2011.

VARGA VON KIBED Matthias et SPARRER Insa, *Ganz in Gegenteil – Wunder, Lösung und System*, Carl-Auer-Systeme Verlag, 9ème édition 2016.

- Table des représentations graphiques -

1. Pourquoi et pour quoi ce livre?.. 23
2. La systémique c'est.. 29
3. La complexité... 34
4. Le sens.. 38
5. Le Penser systémique VS le Penser analytique............ 46
6. Le processus du Penser systémique................................ 55
7. La dynamique non linéaire de l'interaction et de la complexité... 70
8. La roue des regards... 77
9. Le paradoxe du non-être... 80
10. Le triangle AOC.. 87
11. Les trois grandes dynamiques systémiques................... 91
12. La boucle de l'Intention, du Sens et de l'Enjeu......... 106
13. Les cinq postulats de la dynamique du changement... 108
14. Le processus du changement ou mouvement de vie.. 115
15. La spirale des interactions du pouvoir-construction et du pouvoir-destruction... 120
16. Les cinq caractéristiques des systèmes complexes.. 121
17. La roue de la résolution... 122
18. L'Être Systémique... 127
19. La méthode PVASystémique... 132

Edition en l'honneur de et avec un Amour infini pour Esther Jouhet-Bordoni.